Die Stoffklassen der organischen Chemie

Stefanie Federle

Stefanie Hergesell

Sebastian Schubert

Die Stoffklassen der organischen Chemie

Praktisch und kompakt von Studenten erklärt

Stefanie Federle
Bath, Großbritannien

Sebastian Schubert
Bürstadt, Deutschland

Stefanie Hergesell
Mannheim, Deutschland

ISBN 978-3-662-54967-4   ISBN 978-3-662-54968-1 (eBook)
https://doi.org/10.1007/978-3-662-54968-1

Die Deutsche Nationalbibliothek verzeichnet diese Publikation in der Deutschen Nationalbibliografie; detaillierte bibliografische Daten sind im Internet über http://dnb.d-nb.de abrufbar.

Springer Spektrum
© Springer-Verlag GmbH Deutschland 2017

Planung: Margit Maly

Gedruckt auf säurefreiem und chlorfrei gebleichtem Papier

Springer Spektrum ist Teil von Springer Nature
Die eingetragene Gesellschaft ist Springer-Verlag GmbH Deutschland
Die Anschrift der Gesellschaft ist: Heidelberger Platz 3, 14197 Berlin, Germany

Vorwort

Um den Sinn, Zweck und Aufbau dieses Buches zu verstehen, ist es sicherlich hilfreich zu wissen, dass wir, die Autoren, selbst noch Studenten waren, als wir dieses Lehrbuch verfasst haben. Unser Team von drei Autoren bestand hierbei aus Studenten unterschiedlicher Studienrichtungen, die die Aufgabe gemeinsam, jedoch aus leicht unterschiedlichen Blickwinkeln angegangen sind. Unser größtes Anliegen war es hierbei, das Interesse an der Chemie und im Speziellen am Themengebiet der organisch-chemischen Stoffklassen zu schüren.

Ein Professor sieht die Dinge meist „von oben" – böse Zungen würden womöglich behaupten, aus dem berühmten Elfenbeinturm – und hat (hoffentlich) den großen Überblick. Wir haben uns der Thematik hingegen „von unten" genähert und dabei beachtet, was uns als Studenten wichtig war bzw. wo uns der ein oder andere Tipp in der Vergangenheit gut voran gebracht hätte. Wir haben unseren universitären Alltag sowie unsere ganz eigenen Erfahrungen in die einzelnen Themen mit einfließen lassen und hoffen, euch so den einen oder anderen Kniff bei bestimmten Themengebieten mit auf den Weg geben zu können.

Dabei haben wir versucht, eine Gratwanderung zwischen sprachlicher Lockerheit und akademischer Ausdrucksweise zu realisieren.

Wir hoffen, ihr stoßt auf Altbekanntes, vollkommen Neues und Dinge, die ihr so schnell nicht mehr vergessen werdet, da diese unser ganz alltägliches Leben betreffen. So werdet ihr nach der Lektüre dieses Buchs zum Beispiel wissen, warum ein Gecko an einer Glasscheibe entlanggehen kann, ohne herunterzufallen, und warum ihr das nicht könnt, oder warum ihr euch besser zweimal überlegen solltet, den euch angebotenen Surströmming zu kosten.

Nun wünschen wir euch viel Spaß beim Lesen!

Einleitung

Generell gibt es in der Organischen Chemie wie auch der Anorganischen Chemie verschiedene Möglichkeiten, Stoffe in Klassen zu ordnen, die sich gemäß Aufbau, Struktur, Eigenschaften usw. stark ähneln. Hierbei solltet ihr beachten, dass es mitunter auch mehrere Möglichkeiten gibt, eine Substanz einer Klasse zuzuordnen, und dass es manchmal kein „richtig" und kein „falsch" gibt.

In den folgenden Kapiteln wird die Ordnung dahingehend systematisiert sein, dass wir uns zunächst mit dem Grundgerüst der Kohlenwasserstoffe, den **Alkanen** ▶ Kap. 1, **Alkenen** ▶ Kap. 2 und den **Alkinen** ▶ Kap. 3, näher beschäftigen. Hierbei spielen einerseits die IUPAC-Nomenklatur eine wichtige Rolle und andererseits generelle Eigenschaften, z. B. die Tendenzen der physikalischen wie auch chemischen Eigenschaften oder Darstellungs- und Verwendungsmöglichkeiten. Kohlenwasserstoffe generell haben gerade in der chemischen Industrie, in der Biologie und auch in unserem alltäglichen Leben eine überaus große Bedeutung. Im Anschluss an die drei einleitenden Kapitel werden wir uns mit den **Aromaten** ▶ Kap. 4 eingehender beschäftigen, die durch ihr ungewöhnlich träges Reaktionsverhalten auffallen und eine besondere Stellung in der Gesamtheit der Stoffklassen einnehmen. Daraufhin widmen wir uns den **Halogenkohlenwasserstoffen** ▶ Kap. 5, bei denen mindestens ein Wasserstoffatom durch ein Halogenatom ersetzt wurde, was zu durchaus anderen physikalischen wie auch chemischen Eigenschaften führen kann. Bei der Stoffklasse der **Alkohole** ▶ Kap. 6 und der **Ether** ▶ Kap. 7 stoßen wir auf organische Verbindungen, die mindestens ein Sauerstoffatom in ihre Struktur eingebaut haben und wiederum ganz andere physikalische wie auch chemische Eigenschaften aufweisen. Gerade durch die Fähigkeit der Alkohole, Wasserstoffbrückenbindungen auszubilden, ergibt sich ein breites Spektrum an Reaktionen und alltäglichen Phänomenen. Danach erfolgt die nähere Betrachtung von organischen **Schwefel-** ▶ Kap. 8 und **Stickstoffverbindungen** ▶ Kap. 9 wie beispielweise den **Aminen**, die als Derivate des Ammoniaks gesehen werden und nicht selten einen unangenehmen Geruch verbreiten. Im Anschluss daran betrachten wir die Grundstruktur von **Carbonylverbindungen** ▶ Kap. 10 näher, wie z. B. von Aldehyden und Ketonen, und gehen auch auf die grundlegenden Vertreter der **Carbonsäuren** ▶ Kap. 11 näher ein, die durch ihre funktionelle Carboxygruppe maßgeblich in ihren Eigenschaften bestimmt sind und auf die wir im Alltag immer wieder stoßen. Den Rahmen um die grundlegenden Stoffklassen der Organischen Chemie schließen dann die **Nitro-** ▶ Kap. 12 und

Diazoverbindungen ▶ Kap. 13, die uns in den Azofarbstoffen immer wieder durch ihre Farbenpracht begeistern.

Unser Buch über die Stoffklassen der Chemie bietet euch hierbei die einzigartige Möglichkeit, nicht nur chemisches Fachwissen zu vertiefen und Aspekte der einzelnen Stoffklassen wieder aufzufrischen, sondern auch in spezifischen Übungsaufgaben euch selbst zu testen, um herauszufinden, ob ihr die Lerninhalte bereits verstanden habt oder noch ein bisschen üben müsst. Die Lösungen der Aufgaben findet ihr am Ende der Kapitel, so könnt ihr euch selbst überprüfen. Unser Buch erfüllt in den einzelnen Kapiteln sicher nicht den Anspruch, die spezifische Thematik vollständig und allumfassend zu behandeln, dies war aber auch nie unser Anliegen. Wollt ihr vertieftes Wissen zu den einzelnen Thematiken, dann könnt ihr zusätzlich zu einem dicken Chemiewälzer greifen. Vielmehr soll euch das Buch als kurze und prägnante Zusammenfassung der einzelnen Thematiken dienen, die dadurch sinnstiftend ergänzt wird, dass wir ganz praktische Beispiele aus unserem alltäglichen Studentenalltag und aus Prüfungen miteinfließen lassen. Apropos Prüfungen: Besonders in der organischen Chemie solltet ihr fleißig für die Prüfungen lernen und nicht denken, „einmal anschauen reicht schon". Wenn ihr in der Prüfung sitzt und eine Nomenklaturaufgabe habt, dann könnt ihr leicht ins Straucheln geraten und es wird unschön, weil auf einmal nur noch Durcheinander in eurem Kopf herrscht. Auch bei den Mechanismen könnt ihr leicht aus dem Konzept gebracht werden, wenn euch der Prüfer auf einmal ein „abgefahrenes" Molekül auftischt, das echt kompliziert aussieht. Deshalb übt besonders die Mechanismen und die Nomenklatur mit vielen und auch anspruchsvollen Aufgaben. Nehmt euch diesen Tipp zu Herzen von jemandem, dem das leider selbst schon passiert ist, und macht es besser!

Generell solltet ihr euch bereits ein bisschen mit den grundlegenden Aspekten der Chemie auseinandergesetzt haben, um die einzelnen Kapitel auch tiefer gehend verstehen zu können. Hierbei sind gerade die ersten Kapitel Bestandteil des Stoffplans der 10. Klasse des gymnasialen Chemieunterrichts und sollten in Bezug auf das Verständnis kein Problem darstellen. Generell findet ihr unsere angesprochenen Themen hauptsächlich in den ersten Grundvorlesungen des Chemiestudiums. Das Buch stellt somit einen idealen Einstieg bzw. einen idealen Begleiter für jedes Chemiestudium dar und dient zudem als eine Art „Spicker", um vergessene Sachverhalte nochmals nachzuschlagen und wieder aufzufrischen.

Inhaltsverzeichnis

Alkane, Cycloalkane (IUPAC-Nomenklatur, homologe Reihe, Isomerie)

Stefanie Federle, Stefanie Hergesell, Sebastian Schubert

© Springer-Verlag GmbH Deutschland 2017
S. Federle, S. Hergesell, S. Schubert, *Die Stoffklassen der organischen Chemie*,
https://doi.org/10.1007/978-3-662-54968-1_1

Alkane findet man in der Natur vor allem in Erdöl und Erdgas, wo sie als Treibstoff oder als Heizmittel eingesetzt werden. Bei den Alkanen haben wir es mit gesättigten, acyclischen Kohlenwasserstoffen zu tun, die ausschließlich aus C–C- und C–H-Einfachbindungen aufgebaut sind und der allgemeinen Summenformel C_nH_{2n+2} folgen. Hieraus ergibt sich eine homologe Reihe, die unter anderem Vertreter wie Methan oder Ethan enthält. Zudem spielt bei den langkettigen Alkanen die Konstitutionsisomerie eine wichtige Rolle: Die Summenformel der betreffenden Alkane ist gleich, aber die Strukturformel ist eine andere. Durch die systematische Nomenklatur nach IUPAC ist es uns möglich, beliebige Alkane und Cycloalkane, d. h. cyclische Kohlenwasserstoffe mit der allgemeinen Summenformel C_nH_{2n}, zu benennen.

1.1 Allgemeines und Definition

Bei den Alkanen handelt es sich um eine Stoffgruppe in der organischen Chemie, die rein aus Kohlenstoff- und Wasserstoffatomen aufgebaut ist, zwischen denen lediglich Einfachbindungen vorkommen. Sie dienen gleichzeitig als Grundlage der Namensgebung für sämtliche weitere organische Verbindungen, wie beispielweise die Alkene oder Alkine (▶ Kap. 2 und ▶ Kap. 3). Zu den Alkanen gehören auch die Paraffine, da diese aus einem Gemisch von unterschiedlich langen Alkanen bestehen (zwischen 18 und 32 Kohlenstoffatomen). Alkane zählt man so generell zu den **Kohlenwasserstoffen**, mit der allgemeinen Schreibweise C_nH_{2n+2}. Die zwei einfachsten Vertreter der Alkane sind Methan (CH_4, also $n = 1$) und Ethan (C_2H_6, also $n = 2$). Methan ist ein farb- und geruchloses, brennbares Gas und kommt in der Natur hauptsächlich als Bestandteil von Erdgas vor. Zudem tritt Methan immer wieder in der Diskussion um den Methanausstoß von Kühen in den Fokus des Interesses, da Methanemission als ein Faktor angesehen wird, der die Erderwärmung beschleunigt. Ethan hingegen finden sich nicht nur in Erdgas, sondern auch in sog. Sumpfgasen. In ◘ Abb. 1.1 sind beide Alkane jeweils in der sog. Valenzstrichformel, in der Summenformel und in der kondensierten Schreibweise bzw. Konstitutionsformel dargestellt.

❯ Alkane sind gesättigte, acyclische Kohlenwasserstoffe, die ausschließlich Kohlenstoff-Kohlenstoff-Einfachbindungen besitzen und eine homologe Reihe mit der allgemeinen Summenformel C_nH_{2n+2} (mit $n = 1, 2, 3, 4, …$) bilden.

1.2 Homologe Reihe der Kohlenwasserstoffe

Geradkettige Kohlenwasserstoffe nennt man auch unverzweigte Kohlenwasserstoffe. In der organischen Chemie bezeichnet man diese unverzweigten Alkane auch eine **homologe Reihe** (◘ Tab. 1.1), da sie sich lediglich in der Anzahl ihrer -CH_2-Einheiten

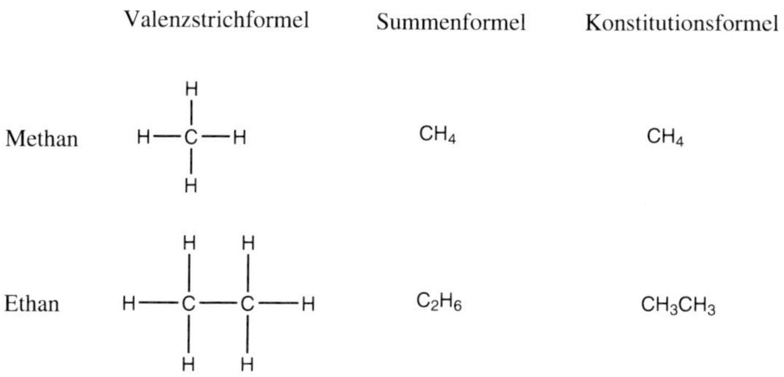

	Valenzstrichformel	Summenformel	Konstitutionsformel
Methan	H–C(H)(H)(H) mit H oben und H unten	CH_4	CH_4
Ethan	H–C(H)(H)–C(H)(H)–H	C_2H_6	CH_3CH_3

Abb. 1.1 Schreibweise der einfachsten beiden Alkane

Tab. 1.1 Homologe Reihe der Alkane

Anzahl der Kohlenstoffatome	Summenformel (C_nH_{2n+2})	Name
1	CH_4	Methan
2	C_2H_6	Ethan
3	C_3H_8	Propan
4	C_4H_{10}	Butan
5	C_5H_{12}	Pentan
6	C_6H_{14}	Hexan
7	C_7H_{16}	Heptan
8	C_8H_{18}	Octan
9	C_9H_{20}	Nonan
10	$C_{10}H_{22}$	Decan
11	$C_{11}H_{24}$	Undecan
12	$C_{12}H_{26}$	Dodecan
13	$C_{13}H_{28}$	Tridecan
…	…	…
20	$C_{20}H_{42}$	Eicosan

Abb. 1.2 Halbstrukturformel von Butan bis Propan und Skelettformel von Pentan bis Octan

unterscheiden und einer systematischen Bauweise folgen. Die ersten zehn Homologen solltet ihr auf alle Fälle mit ihrem Namen und ihrer jeweiligen Summenformel auswendig können. Bei den Alkanen spricht man in der organischen Chemie zudem von **gesättigten Verbindungen**, da diese ausschließlich Einfachbindungen aufweisen, anders als die Alkene oder Alkine.

Eine Möglichkeit, um in Klausuren oder in Übungsaufgaben Zeit zu sparen, liegt in der verkürzten Schreibweise der Strukturformeln, der sog. **Skelettformel**. In ■ Abb. 1.2 sind zwei verschiedene Möglichkeiten aufgeführt, wie gerade bei langkettigen Kohlenwasserstoffen gekürzt werden kann. Bei den Skelettformeln des Pentans bis Octans entspricht jeder Knick in der Struktur einem C-Atom, d. h. immer am Ende und Anfang eines Strichs befindet sich ein C-Atom. Die H-Atome sind bei dieser Schreibweise vollkommen außen vor gelassen. Die beiden Schreibweisen des Butans und Propans stellen eine Art Mittelweg zwischen der ausführlichen Valenzstrichformel (für Methan und Ethan in ■ Abb. 1.1) und der spartanischen Skelettformel dar, diese nennt man Halbstrukturformel. Hier musst du einfach darauf achten, wie es dein Prof. gewohnt ist zu schreiben, und dann klappt das schon.

1.3 Konstitutionsisomerie

Je mehr C-Atome ein Alkan besitzt, desto mehr Möglichkeiten ergeben sich, diese C-Atome unterschiedlich anzuordnen. Neben geradkettigen Alkanen kommt es dann zu verzweigten Ketten, die ganz andere physikalische wie auch chemische Eigenschaften haben können als ihre unverzweigten Verwandten. Man spricht in diesem Fall von der Isomerie der Alkane, und im Spezielleren liegen hierbei sog. **Konstitutionsisomere** vor. Das heißt konkret, dass allen Verbindungen zwar die gleiche Summenformel zugrunde liegt, dass aber die Strukturformeln unterschiedlich sein können. In ■ Abb. 1.3 zeigen wir als praktisches Beispiel Butan mit der Summenformel C_4H_{10},

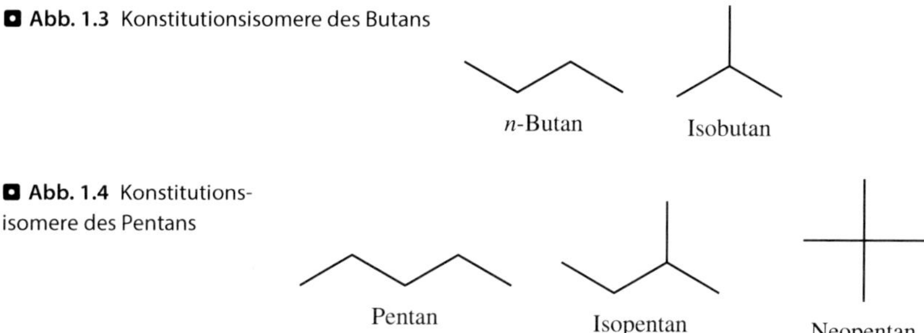

◼ Abb. 1.3 Konstitutionsisomere des Butans

◼ Abb. 1.4 Konstitutionsisomere des Pentans

das insgesamt zwei Isomere besitzt: zum einen das unverzweigte *n*-Butan und zum anderen das sichtlich verzweigte Isobutan. Beiden Verbindungen liegt die Summenformel C_4H_{10} zugrunde.

Betrachten wir weiter Pentan C_5H_{12}, so finden wir hier neben *n*-Pentan bereits zwei weitere isomere Formen (**◼** Abb. 1.4). Zum einen gibt es Isopentan, das ähnlich verzweigt ist wie Isobutan, sowie Neopentan. Gingen wir nun weiter zu Hexan, könnten wir bereits fünf Isomere finden.

Betrachten wir nun aber die Eigenschaften der drei Isomere des Pentans, so fällt auf, dass sich diese grundlegend unterscheiden. Sind Pentan und Isopentan flüssige Stoffe bei Raumtemperatur, so ist Neopentan gasförmig. Dieser grundlegende Trend spiegelt sich auch im Siedepunkt wieder. Liegt dieser bei Pentan bei 36 °C und bei Isopentan bei 28 °C, so liegt er bei Neopentan deutlich niedriger, bei lediglich 9,5 °C. Der Grund dieses Trends liegt in den **Van-der-Waals-Kräften**, die quasi als eine Art *Klebstoff* der unpolaren Moleküle fungieren (▶ Abschn. 1.5.1). Kohlenwasserstoffe, zu denen neben den Alkanen u. a. auch die Alkene und Alkine zählen, sind unpolare Verbindungen und werden durch die Van-der-Waals-Kräfte zusammengehalten. Der unpolare Charakter ergibt sich hierbei daraus, dass die Atome innerhalb der Verbindung keine oder nur eine sehr geringe Elektronegativitätsdifferenz aufweisen und somit keine Ladungsverschiebung innerhalb der Atomgruppen stattfindet. Die Van-der-Waals-Kräfte können sich nun besonders effektiv ausbilden, wenn das betreffende Alkan sowohl besonders lang als auch unverzweigt ist. Aus diesem Grund hat *n*-Pentan im Vergleich zu Neopentan einen deutlich höheren Siedepunkt, da die deutlich stärker ausgebildeten Van-der-Waals-Kräfte zunächst überwunden werden müssen, damit das *n*-Pentan gasförmig wird. Neopentan ist derart stark verzweigt, dass sich die besagten Van-der-Waals-Kräfte nur schlecht ausbilden können. Die Van-der-Waals-Kräfte an sich beruhen auf einer momentanen Ungleichverteilung der negativen Elektronen in der Elektronenhülle um den positiv geladenen Kern. Hieraus ergibt sich eine kurzzeitige Polarität, die in den Nachbarmolekülen bzw. -atomen sofort auch eine Ladungsverschiebung zur Folge hat. Hierbei ergeben sich zwischen den Molekülen schwache Anziehungskräfte durch induzierte Dipole, die aber deutlich

Wieso kleben Geckos an Glasscheiben fest?

Geckos können in Terrarien an senkrechten oder über Kopf befindlichen Glasscheiben laufen, obwohl sie keine Saugnäpfe oder Ähnliches an ihren Füßen haben. Sie machen sich hierbei die Van-der-Waals-Kräfte zunutze, da sich an der Unterseite ihrer Füße eine Vielzahl feinster Härchen befindet und jedes Härchen mit einer gewissen Kraft an der Scheibe haftet. Die Anzahl der Härchen reicht hierbei aus, damit der Gecko an den Glasscheiben laufen kann. Wird der Terrarium-Innenraum nun aber mit Wasser besprüht, so kann es passieren, dass der Gecko abstürzt, da die Wasserstoffbrückenbindungen zwischen den Wassermolekülen deutlich stärker sind als die Van-der-Waals-Kräfte zwischen den Geckofüßen und der Glasscheibe.

◘ **Kronengecko und Van-der-Waals-Kräfte**

schwächer einzustufen sind als beispielsweise die permanenten Dipol-Dipol-Kräfte, die bei **Wasserstoffbrückenbindungen** zu finden sind. Im Exkurs: „Wieso kleben Geckos an Glasscheiben fest?" zeigt sich anhand eines praktischen Beispiels wie die Van-der-Waals-Kräfte und die Wasserstoffbrückenbindungen unterschiedlich stark wirken können.

1.4 IUPAC-Nomenklatur

Da nun nicht alle auf der Welt befindlichen Verbindungen der Alkane mittels Trivialnamen benannt werden können, braucht es eine systematische Nomenklatur, über die jede beliebige Variante eines Alkans eindeutig benannt werden kann. Später wird noch deutlicher, dass die Nomenklatur nach IUPAC (= International Union for Pure and Applied Chemistry) nicht nur bei der Benennung der Verbindungen der Alkane wichtig ist, sondern auch zahlreiche weitere organische Verbindungen mittels der IUPAC-Nomenklatur spezifisch benannt werden können. Bei der systematischen Nomenklatur kann nach einem genauen Schema vorgegangen werden, das wir uns gleich näher anschauen werden.

1.4.1 Alkylradikale

Um nach IUPAC Verbindungen benennen zu können, müssen wir uns zunächst darum kümmern, wie **Alkylradikale** zu benennen sind. Dies hört sich nun komplizierter an, als es in Wirklichkeit ist, denn es folgt einem ähnlichen Schema wie unsere homologe Reihe, die wir bereits in ▶ Abschn. 1.2 kennen gelernt haben (◘ Abb. 1.5). Durch die Entfernung eines Wasserstoffatoms von einem Alkanmolekül gelangen wir zu einem Alkylradikal bzw. einer Alkylgruppe. Hierbei wird in der systematischen Benennung das „-an" des Alkans durch ein „-yl" ersetzt.

In ◘ Abb. 1.5 sind die ersten vier einfachsten Alkylgruppen dargestellt. Die weiteren Alkylgruppen höherer Alkane folgen dem gleichen Schema. Durch Kombination einer Alkylgruppe mit dem spezifischen Namen einer Verbindungsklasse bzw. anderen Stoffklassen erhalten wir die Trivialnamen der betreffenden Verbindungen. So kommen wir beispielsweise zu Verbindungen wie Methylalkohol (-OH: Alkohol), Ethylamin ($-NH_2$: Amin), Methyliodid (-I: Iodid) oder Ethylmethylether ($-OCH_3$: Methylether). In ◘ Abb. 1.6 werden als Beispiele die oben genannten Verbindungen in ihrer Skelettformel gezeigt.

$$CH_3 \text{——}$$
Methyl-

$$CH_3CH_2 \text{——}$$
Ethyl-

$$CH_3CH_2CH_2 \text{——}$$
Propyl-

$$CH_3CH_2CH_2CH_2 \text{——}$$

◘ **Abb. 1.5** Die einfachsten Alkylgruppen   ***n*-Butyl-**

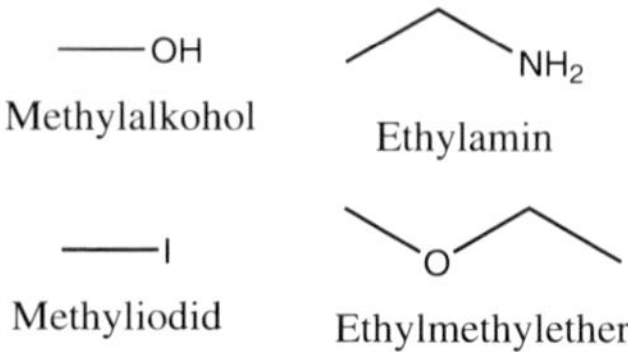

◘ Abb. 1.6 Kombinationen von Alkylgruppen und spezifischen Verbindungsklassen

> Um in Sachen Alkylgruppen im Studium gut über die Runden zu kommen, solltet ihr die folgenden Verbindungen bzw. Gruppen auf alle Fälle gut können und das Prinzip verstanden haben, wie aus einem Alkan der entsprechende Alkylrest wird. In ◘ Abb. 1.7 sind die wichtigsten Vertreter nochmals aufgeführt.

In der zweiten Spalte von ◘ Abb. 1.7 wird deutlich, dass es neben dem normalen Butyl-Rest (= *n*-Butyl) noch drei weitere isomere Alkylgruppen mit der Summenformel C_4H_9 gibt. Das Isobutyl-Radikal ist aufgebaut wie das Isobutan, das wir bereits im Abschnitt zur Isomerie (► Abschn. 1.3) kennen gelernt haben. Hier ist das C-Atom, das an einem beliebigen Restmolekül hängen kann, ein primäres C-Atom. Das erkennt man daran, dass an diesem C-Atom nur noch ein weiteres C-Atom hängt. Beim *sek*-Butyl-Radikal hingegen hängen an dem betreffenden C-Atom zwei weitere C-Atome, weswegen dieses C-Atom ein *sek*undäres C-Atom darstellt. Im letzten Fall, dem *tert*-Butyl-Radikal, handelt es sich um ein *tert*iäres C-Atom, da drei weitere C-Atome an dem betreffenden C-Atom hängen. In ◘ Abb. 1.8 sind drei Beispiele

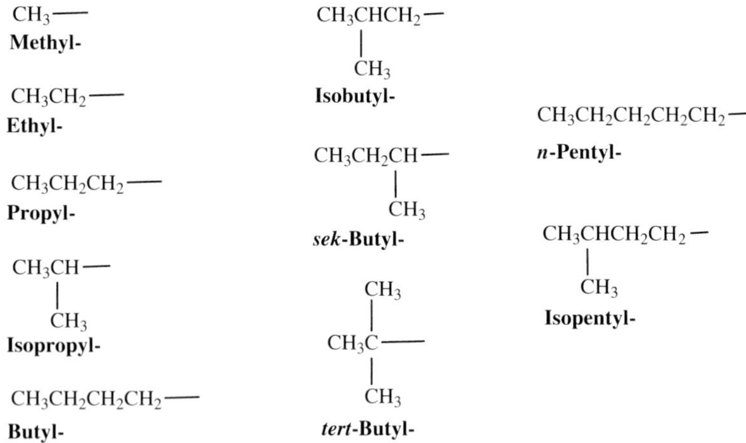

◘ Abb. 1.7 Die wichtigsten Vertreter von Alkylgruppen

▫ Abb. 1.8 Beispielverbindungen

Isopropylbromid   Isobutanol   Isopentylamin

für solche Verbindungen aufgeführt. Zur Vollständigkeit sei erwähnt, für Isopropylbromid auch 2-Brompropan und für Isobutanol auch Isobutylalkohol gehen würde.

1.4.2 Nomenklatur der Alkane

Mit ein paar wenigen Regeln lassen sich Alkane ganz einfach nach der IUPAC-Nomenklatur benennen. Die einzelnen Schritte der systematischen Nomenklatur wollen wir im Folgenden anhand von verschiedenen Beispielen näher erläutern (▫ Abb. 1.9):

1. Als Erstes sollten wir die Kohlenstoffatome der längsten zusammenhängenden Kette, der so genannten **Hauptkette**, ausfindig machen. Darüber ergibt sich aus der Zahl der Kohlenstoffe der grundlegende Name unserer Verbindung. In unserem Beispiel sind dies Pentan (fünf Kohlenstoffatome) und Octan (acht Kohlenstoffatome). Besonders wichtig ist hierbei, dass die längste Kette nicht immer die Kette sein muss, die waagrecht von links nach rechts geschrieben steht. Vielmehr kann die längste Kette auch eine Kette sein, die nach unten oder oben abbiegt, wie in ▫ Abb. 1.9 deutlich wird.

2. In einem zweiten Schritt müssen wir die längste Kohlenstoffkette so durchnummerieren, dass etwaige Reste, die an der Hauptkette hängen, eine möglichst **kleine Zahl** erhalten. Haben wir diesen Schritt erledigt, werden der Name des Restes und der Name der Hauptkette zusammengefasst: Dazu geben wir mit einer vorangestellten Zahl und einem Bindestrich an, an welchem C-Atom der Hauptkette der jeweilige Rest hängt (▫ Abb. 1.10). Bei der Verbindung 3-Methylpentan hängt am dritten C-Atom der Hauptkette der Methylrest. Explizit bei dieser Verbindung wäre es egal,

▫ **Abb. 1.9** Beispiele für die Ermittlung der längsten Kohlenstoffkette nach IUPAC

3-Methyl**pentan**

3-Ethyl**octan**

3- Ethyl**hexan**

4-Isopropyl**octan**

◘ Abb. 1.10 Beispiele für korrekte Durchnummerierung nach IUPAC

ob wir von links nach rechts oder rechts nach links durchnummerieren, da der Methylrest immer an der dritten Position wäre. Hätten wir es aber mit 3-Ethylhexan zu tun, würde eine Nummerierung der Hauptkette von links nach rechts dazu führen, dass der Ethylrest an vierter Position hängen würde. Damit wäre Regel 2 der IUPAC-Nomenklatur verletzt, auch wenn man die Verbindung 4-Ethylhexan durchaus eindeutig zeichnen könnte. Wichtig ist auch noch zu erwähnen, dass nur systematische Benennungen nach IUPAC Ziffern erhalten. Bei Trivialnamen, wie beispielsweise Isobutan, wird keine Ziffer im Stoffnamen erscheinen.

3. Im dritten Schritt beschäftigen wir uns mit Verbindungen, die mehr als einen Rest an der Hauptkette haben. Hierbei müssen wir immer daran denken, dass die Reste nach ihrer **alphabetischen Reihenfolge** geordnet werden, d. h. Ethyl- vor Methyl- z. B. und Methyl- wiederum vor Propyl-. In ◘ Abb. 1.11 sind zwei Beispielverbindungen aufgeführt, in denen sowohl die 2. wie auch 3. Regel korrekt angewandt sind. Zudem müssen wir bei zwei Resten darauf achten, dass beide Reste eine möglichst kleine Ziffer erhalten. Bei der ersten Verbindung wäre deshalb 5-Ethyl-7-methyloctan nicht korrekt.

4. Gibt es Verbindungen, die ein und denselben Rest zwei- oder auch dreimal enthalten, so wird zum einen ihre Position durch die jeweilige Ziffer näher be-

4-**E**thyl-2-**m**ethyloctan

2-**M**ethyl-3-**p**ropylheptan

◘ Abb. 1.11 Beispiele für die korrekte alphabetische Reihenfolge der Reste nach IUPAC

2,4-**Di**methylhexan

3,3,6-**Tri**ethyl-7-methyldecan

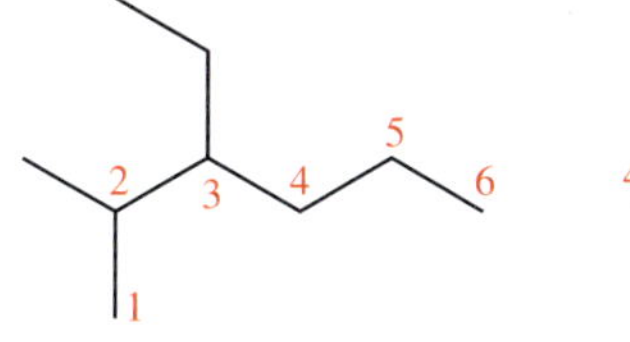

Abb. 1.12 Beispiele für korrekte Anwendung der Präfixe nach IUPAC

schrieben, zum anderen wird ihre Häufigkeit durch die Präfixe (= Vorsilben) **di-**, **tri-** und **tetra-** zusätzlich näher erläutert. Die Präfixe werden aber bei der alphabetischen Anordnung nicht beachtet. In ◼ Abb. 1.12 zeigen beide Beispiele, wie die Präfixe korrekt anzuwenden sind. Gerade bei der zweiten Verbindung wird deutlich, dass Methyl- nicht plötzlich vor Ethyl- steht, nur, weil es Triethyl- heißt, und das nach der alphabetischen Reihenfolge hinter Methyl- stehen müsste. Dies spielt bei der IUPAC-Nomenklatur keinerlei Rolle. Nicht vergessen solltet ihr auch, dass mehrere Ziffern des gleichen Rests durch ein Komma getrennt werden.

5. In einem letzten Punkt wollen wir nun auf **Spezialfälle** eingehen (◼ Abb. 1.13). Kommt es beispielweise vor, dass zwei mögliche Kohlenstoffketten aus einer identischen Zahl an C-Atomen bestehen, so ist die Kette Ausgangspunkt der Benennung, die eine größere Anzahl an Substituenten aufweist (3-Ethyl-2-methylhexan in ◼ Abb. 1.13). Denn denkbar wäre hier auch die Benennung über den Isopropyl-Rest zu 3-Isopropylhexan gewesen. Im zweiten Beispiel ergeben beide Richtungen der Nummerierung dieselbe Bezifferung. Hier muss die Nummerierung so gewählt werden, dass die erstgenannte Restgruppe die niedrigere Zahl erhält (2-Brom-3-chlorbutan). In unserem Beispiel erhält also Brom die Ziffer 2 und Chlor die Ziffer 3. Beim letzten Beispiel wird deutlich, dass die Nummerierung zudem so gewählt werden sollte, dass dem zweiten Substituenten die für ihn kleinstmögliche Ziffer zugeteilt wird. Denn denkbar wäre in diesem Beispiel auch 2,4,4-Trimethylpentan.

3-Ethyl-2-methylhexan

2-Brom-3-chlorbutan

2,2,4-Trimethylpentan

Abb. 1.13 Spezialfälle der IUPAC-Nomenklatur

Mittels dieser fünf Regeln bzw. Schritte sollte es nun möglich sein, eine Vielzahl von organischen Molekülen richtig nach IUPAC zu benennen. Um andere Typen von Verbindungen korrekt benennen zu können, werden wir im Folgenden immer wieder weitere Regeln ergänzen. Um in der wissenschaftlichen Literatur Verbindungen zu finden ist es unerlässlich, den korrekten systematischen Verbindungsnamen widergeben zu können.

❷ Aufgabe 1

Zeichne die Strukturformeln folgender Verbindungen:

a) 2,3-Dimethylhexan
b) 4-Isopropyl-2,4,5-trimethylheptan
c) 2,2-Dimethyl-4-propyloctan
d) Chlormethan

❷ Aufgabe 2

Benenne die Verbindungen mit ihrem systematischen Namen nach IUPAC:

a

b

c

1.5 Physikalische und chemische Eigenschaften der Alkane

1.5.1 Siedepunkt

Wie in ▶ Abschn. 1.3 bereits angeklungen ist, sind die Siedepunkte der Alkane je nach Struktur und Länge der Moleküle sehr unterschiedlich. Der Siedepunkt ist generell die Temperatur, bei der ein Stoff von der flüssigen in die gasförmige Phase übergeht. Bei dieser Temperatur verdampft der betreffende Stoff also und ist fortan ein Gas. Um einen Stoff verdampfen zu können, müssen die zwischenmolekularen Kräfte, die zwischen den Molekülen vorherrschen, überwunden werden. Die Alkanmoleküle werden durch relativ schwache Kräfte zusammengehalten, die dadurch resultieren, dass es zu einer zufälligen Ungleichverteilung der Elektronen um den Kern kommt. Hieraus entsteht ein geringfügiges induziertes Dipolmoment, das für den Zusammenhalt unter den Alkanmolekülen sorgt. Die vorherrschenden Kräfte werden **Van-der-Waals-Kräfte** bezeichnet. Ihre Stärke hängt von der Kontaktfläche zwischen den einzelnen Alkanmolekülen und der Länge der jeweiligen Alkanmoleküle ab. So lässt sich ganz allgemein sagen, dass der Siedepunkt mit zunehmender molarer Masse steigt (◘ Tab. 1.2). Die vier kleinsten Alkane (Methan bis Butan) sind bei Normaldruck und Raumtemperatur noch gasförmig, und die folgenden Alkane ab Pentan sind bei Raumtemperatur flüssig. In unverzweigten Alkanen sind in Anbetracht der Kontaktflächen zwischen den Molekülen die Van-der-Waals-Kräfte größer als bei stark verzweigten Alkanen

◘ **Tab. 1.2** Siede- und Schmelzpunkte verschiedener Alkane bei Normaldruck. (Quelle: Bruice 2011, S. 87)

Name	Siedepunkt in °C	Schmelzpunkt in °C
Methan	−167,7	−182,5
Ethan	−88,6	−183,3
Propan	−42,1	−187,7
Butan	−0,5	−138,3
n-Pentan	36,1	−129,8
Isopentan	28,0	−160,0
Neopentan	9,5	−16,6
Hexan	68,7	−95,3
Heptan	98,4	−90,6

Dramatischer Effekt von Wasserstoffbrückenbindungen!

Vergleichen wir die Siedepunkte von Wasser und Methan, die beide eine sehr ähnliche molare Masse von 18 g mol^{-1} bzw. 16 g mol^{-1} aufweisen, so fällt auf, dass sie sich sehr stark unterscheiden: Wasser hat einen Siedepunkt von 100 °C und Methan von −167,7 °C. In diesem Fall erhöhen die starken Wasserstoffbrückenbindungen zwischen den Wassermolekülen den Siedepunkt des Wassers dramatisch. Unter den Methanmolekülen bilden sich hingegen keine Wasserstoffbrückenbindungen aus, da die Elektronegativitätsdifferenz zwischen den Kohlenstoff-, und Wasserstoffatomen zu gering ausfällt, um eine ausreichend große Polarität zu gewährleisten.

derselben Molmasse. Unverzweigte Alkane haben deshalb höhere Siedepunkte als ihre verzweigten Homologen (◘ Tab. 1.2). Im Exkurs: „Dramatischer Effekt von Wasserstoffbrückenbindungen!" wird zudem deutlich, wie sich unterschiedlich stark elektronegative Atome innerhalb der Verbindung auf den Siedepunkt auswirken können, wenn auch eine ähnlich große molare Masse vorliegt.

1.5.2 Schmelzpunkt

Der Schmelzpunkt ist die Temperatur, bei der ein kristalliner bzw. fester Stoff in den flüssigen Zustand übergeht. Vergleichen wir die Schmelzpunkte in ◘ Tab. 1.2, so wird hier der gleiche Trend deutlich, den wir bereits beim Siedepunkt erkannt haben. Zunehmende Molmasse bedeutet einen steigenden Schmelzpunkt.

Bemerkenswert ist hierbei jedoch, dass es zusätzlich darauf ankommt, ob das betreffende Alkanmolekül eine *gerade* oder *ungerade Anzahl an C-Atomen* besitzt. Dies entscheidet nämlich mit darüber, ob die Moleküle dichter oder weniger dicht gepackt werden können, und hat damit einen Effekt auf die zwischenmolekularen Kräfte (◘ Abb. 1.14). Alkane mit einer ungeraden Anzahl an C-Atomen weisen einen niedrigeren Schmelzpunkt auf, da die zwischenmolekularen Wechselwirkungen schwächer ausgebildet sind. Bei Alkanen mit einer geraden Anzahl von C-Atomen ist genau der gegenläufige Effekt erkennbar.

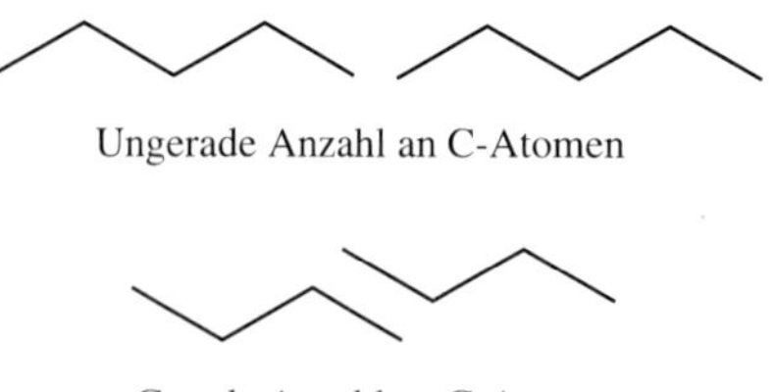

◘ **Abb. 1.14** Auswirkung gerader und ungerader C-Atomanzahl auf den Schmelzpunkt

1.5.3 Löslichkeit

Generell lässt sich sagen, dass sich „Gleiches in Gleichem löst", d. h. polare Stoffe lösen sich in polaren Lösungsmitteln und unpolare in unpolaren Lösungsmitteln. Wie wir bereits wissen, handelt es sich bei den Alkanen um unpolare Moleküle, die demnach in unpolaren Lösungsmitteln (z. B. Benzol oder Ether) löslich sind und in polaren Lösungsmitteln, wie beispielweise Wasser, eine zweite Phase bilden. Hierbei weist selbst ein Alkan mit bis zu 30 C-Atomen eine geringere Dichte als Wasser auf, was zur Konsequenz hat, dass sich die Alkanphase oberhalb der Wasserphase befindet.

1.6 Vorkommen, Gewinnung und Verwendung der Alkane

In der Natur finden sich Alkane besonders in Erdgas und Erdöl. Erdgas besteht vorwiegend aus Methan, Ethan und kleinen Anteilen von Propan. Erdöl besteht neben höherkettigen Alkanen auch aus Cycloalkanen (▶ Abschn. 1.7.3). Hieraus leitet sich auch relativ schnell die Nutzung bzw. Verwendung von Alkanen ab, die über die Erdöl- und Erdgasförderung weltweit einen hohen Stellenwert einnehmen. Gerade in der Automobilindustrie, als Treibstoff (Benzin oder Diesel) oder als Heizöl treffen wir Alkane in unterschiedlichster Form immer wieder an. In der Natur findet man Methan zudem bei einer Vielzahl von Mikroorganismen, die Methan als Abbauprodukt herstellen. Dies spielt vor allem im Verdauungstrakt von Kühen eine wichtige Rolle.

Isolieren kann man die verschiedenen Alkane aufgrund ihrer unterschiedlichen Siedepunkte, indem Erdöl fraktioniert getrennt wird. Dieses Verfahren nennt man dann auch **Erdöl-Fraktionierung**. Bei diesem Verfahren erhält man neben verschieden langen Alkanen auch Alkene ▶ Kap. 2, Alkine ▶ Kap. 3 und Aromaten ▶ Kap. 4. In einem zweiten Schritt erfolgt dann das **Cracken** von langkettigen Alkanen, die dadurch in kurzkettige Alkane umgewandelt werden. Dieser Schritt erfordert hohe Temperaturen und den Einsatz von Katalysatoren. Aus diesem Grund spricht man auch vom thermischen und katalytischen Cracken. In einem optionalen dritten Schritt können nun durch Reforming-Prozesse Alkane so isomerisiert werden, dass aus längerkettigen, unverzweigten Alkanen stark verzweigte Alkane werden, die aber genau die gleiche Anzahl an Kohlenstoffatomen aufweisen. Der Vorteil hierbei ist, dass stark verzweigte Alkane in Benzin eine höhere Klopffestigkeit besitzen und deshalb begehrt sind. Sie neigen bei Kompression weniger stark zur Selbstentzündung als ihre unverzweigten „Geschwister".

Im Labormaßstab bzw. synthetisch kann man Alkane beispielsweise durch katalytisches Hydrieren von Alkenen herstellen oder Halogenalkane, Aldehyde oder Ketone reduzieren. Die genauen Verfahren wollen wir im Folgenden jedoch nicht näher betrachten.

1.7 Typische Reaktionen der Alkane

Ausgehend von der nur sehr schwach vorhandenen Polarität innerhalb der Alkanmoleküle lässt sich auch das geringe Reaktionsvermögen der Alkane erklären. Alkane werden nicht ohne Grund auch als Paraffine bezeichnet, was sich aus dem Lateinischen *parum affinis* ableitet und so viel heißt wie wenig reaktionsfähig. Die C–C-Einfachbindung ist vollkommen unpolar, da beide C-Atome eine Elektronegativität von rund 2,5 aufweisen und demnach eine gleich große Tendenz besitzen, Bindungselektronen anzuziehen. Die C–H-Einfachbindung dagegen ist geringfügig polar, da sich hier eine Elektronegativitätsdifferenz von immerhin 0,3 ergibt. Hierbei weist das C-Atom die höhere Elektronegativität auf und zieht – statistisch gesehen – die Bindungselektronen demnach ein wenig stärker bzw. häufiger auf seine Seite.

1.7.1 Reaktion mit Sauerstoff

Alkane können generell mit Sauerstoff reagieren, was wir im täglichen Leben beobachten können, wenn wir Auto fahren oder mit Erdgas oder Erdöl heizen. Bei der Reaktion von Methan mit Sauerstoff wird zum einen Kohlenstoffdioxid und zum anderen Wasser frei (◘ Abb. 1.15). Die Reaktion verläuft exotherm, es werden fast 700 kJ mol^{-1} Energie frei. Der Mechanismus dieser Reaktion ist noch nicht vollständig geklärt, aber man geht davon aus, dass es sich um eine radikalische Kettenreaktion handelt.

1.7.2 Reaktion mit Halogenen

Auch die Halogenierung von Alkanen spielt in unserem alltäglichen Leben eine wichtige Rolle. Gerade bei Kunststoffen wie beispielsweise PVC (Polyvinylchlorid) treffen wir die Halogenalkane immer wieder an (▶ Kap. 5). Um Halogenalkane zu erzeugen, wird z. B. eine radikalische Substitution durchgeführt, bei der ein Wasserstoffatom des Alkans durch ein Halogenatom ersetzt wird. So kann z. B. Hexan zu Bromhexan substituiert werden (◘ Abb. 1.16). Der genauere Mechanismus soll auch hier nicht näher erläutert werden.

$$CH_4 + 2\,O_2 \longrightarrow CO_2 + 2\,H_2O$$

◘ **Abb. 1.15** Reaktion von Methan mit Sauerstoff

$$C_6H_{14} + Br_2 \longrightarrow C_6H_{13}Br + HBr$$

◘ **Abb. 1.16** Reaktion von Hexan mit einem Halogen

Cyclopropan   Cyclobutan   Cyclohexan

◘ **Abb. 1.17** Vertreter von Cycloalkanen

1.7.3 Cycloalkane

Bei Cycloalkanen handelt es sich um gesättigte Kohlenwasserstoffe, die zu einem Ring geschlossen sind. Durch den Ringschluss weisen die Cycloalkane zwei Wasserstoffatome weniger auf als ihre offenkettige Alkanverwandtschaft.

> Cycloalkane sind gesättigte, cyclische Kohlenwasserstoffe, die ausschließlich Kohlenstoff-Kohlenstoff-Einfachbindungen besitzen und eine homologe Reihe mit der allgemeinen Summenformel C_nH_{2n} (mit $n = 3, 4, \ldots$) bilden.

Bei der systematischen Benennung der Cycloalkane erhalten die Verbindungen die Vorsilbe „Cyclo-", um den Ringcharakter aufzuzeigen. Ansonsten folgt die Benennung dem gleichen Muster, das bereits in ▶ Abschn. 1.4.2 über die Nomenklatur der Alkane deutlich wurde. Typische Vertreter der Cycloalkane sind in ◘ Abb. 1.17 aufgeführt. Auch hier gibt es verschiedene Möglichkeiten, die Strukturformel zu zeichnen.

Zusätzliche Regeln zur Benennung der Cycloalkane braucht es nur, wenn an dem betreffenden Ring noch ein oder mehrere Reste hängen:

1. Hängt nur ein Rest an einem Cycloalkan, so brauchen wir keine Ziffer, um dessen Position zu beschreiben. Der Name des Restes wird mit dem betreffenden Cycloalkan einfach kombiniert, indem der Ring als eine Art „Hauptkette" fungiert. Die einzige Ausnahme dieser Regel wird angewandt, wenn der Alkylrest mehr C-Atome aufweist als der Ring. Dann wird der Ring als „Rest" angesehen, und die Kette wird zur Hauptkette. In ◘ Abb. 1.18 wird die systematische Nomenklatur der Cycloalkane deutlicher.

2. Trägt das Cycloalkan zwei oder mehr Reste, so erfolgt die Benennung – wie bereits bei den Alkanen beschrieben – mit Ziffern und unter Beachtung der alphabetischen Reihenfolge. Der Substituent, der weiter vorne im Alphabet steht, erhält die Ziffer 1. Die Beispiele in ◘ Abb. 1.19 zeigen die korrekte Benennung von Cycloalkanen mit jeweils zwei Resten.

3. Enthält das betreffende Cycloalkan mehr als zwei Reste, so erfolgt die Benennung bzw. die Bezifferung so, dass alle Reste eine möglichst niedrige Ziffer erhalten. Der zweite Substituent wird also so ausgewählt, dass er einen möglichst

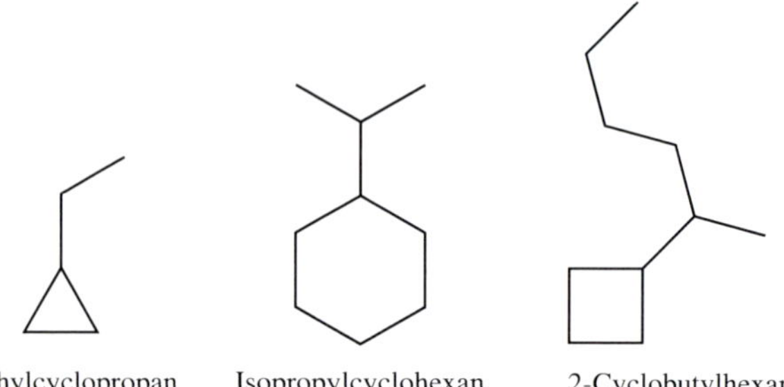

◘ Abb. 1.18 Cycloalkane korrekt benennen

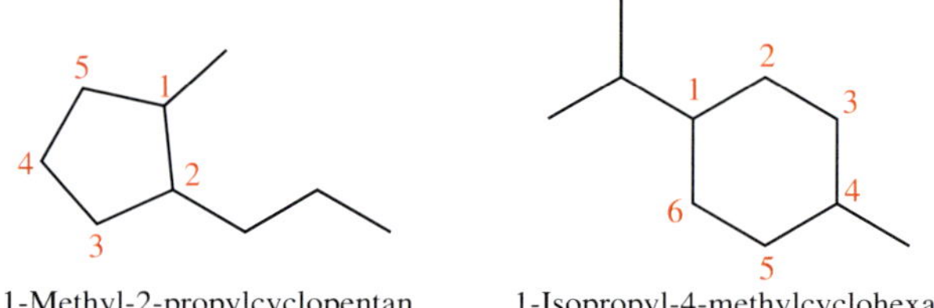

◘ Abb. 1.19 Cycloalkane mit zwei Resten korrekt benennen

kurzen Abstand zum C-Atom mit der Nummer 1 erhält. In einem praktischen Beispiel wird dies leicht deutlich. Wie wir in ◘ Abb. 1.20 sehen können, führt die getroffene Bezifferung zu einer möglichst kleinen Ziffer, nämlich 2 für den Methylrest. Denn denkbar wären auch die folgenden Verbindungsnamen gewesen: 1-Ethyl-3-methyl-4-propylcyclohexan oder 5-Ethyl-1-methyl-2-propylcyclohexan. Bei beiden Varianten ist aber nicht die kleinstmögliche Bezifferung gewählt.

◘ Abb. 1.20 Cycloalkane mit drei Resten korrekt benennen

✅ Lösungen zu den Aufgaben
Lösungen zu Nomenklatur-Aufgaben 1 und 2

Aufgabe 1

a

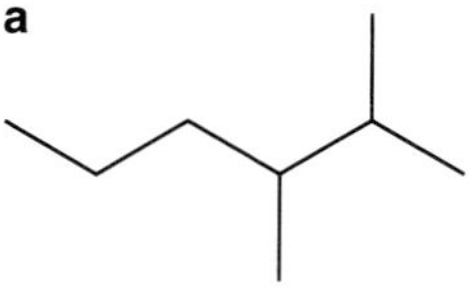

2,3-Dimethylhexan

c

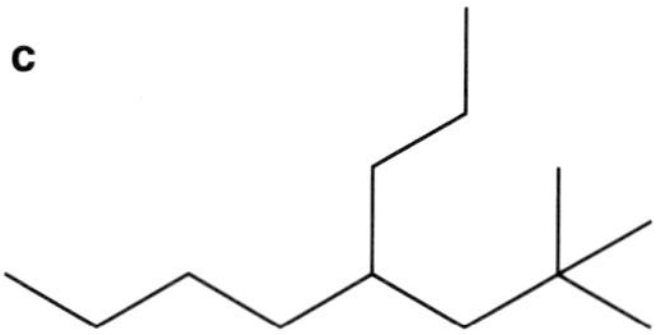

2,2-Dimethyl-4-propyloctan

b

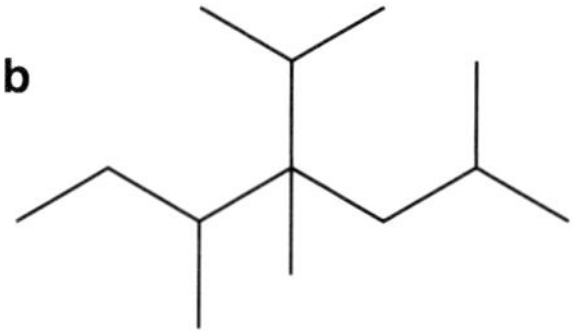

4-Isopropyl-2,4,5-trimethylheptan

d

$H_3C{-}Cl$

Chlormethan

Aufgabe 2

a) 4-Ethyl-3-methyl-5-propyldecan

b) Chloroform: Trichlormethan

c) 4-Isopropyl-2-methyloctan

Literatur

Bruice P (2011) Organische Chemie: Studieren kompakt. Pearson, München

Alkene und Cycloalkene

Stefanie Federle, Stefanie Hergesell, Sebastian Schubert

© Springer-Verlag GmbH Deutschland 2017
S. Federle, S. Hergesell, S. Schubert, *Die Stoffklassen der organischen Chemie*,
https://doi.org/10.1007/978-3-662-54968-1_2

Aliphatische Kohlenwasserstoffe, die an einer beliebigen Position des Moleküls mindestens eine Kohlenstoff-Kohlenstoff-Doppelbindung aufweisen, werden als Alkene bezeichnet. Isomere sollten nach der *E/Z*-Nomenklatur benannt werden. Alkenverbindungen können am Reaktivitätszentrum sehr gut elektrophil, in Form einer Addition, angegriffen werden. Weitere typische Reaktionen sind: Oxidationen, Hydrierungen sowie Ozonierungen. In der Natur haben Alkene wichtige Funktionen (z. B. als Pflanzenhormone). Weiterhin stellen sie für die chemische Industrie in verschiedensten Syntheseprozessen wichtige Ausgangschemikalien für beispielsweise Treibstoffe, Kunststoffe, Alkohole oder Waschmittel dar.

2.1 Allgemeines und Definition

Alkene sind aliphatische Kohlenwasserstoffe, die an einer beliebigen Position des Moleküls mindestens eine Kohlenstoff-Kohlenstoff-Doppelbindung besitzen und eine homologe Reihe mit der allgemeinen Summenformel C_nH_{2n} (mit $n = 2, 3, 4, \ldots$) bilden.

Im vorigen Kapitel wurden bereits die Alkane sowie Cycloalkane, d. h. die gesättigten, acyclischen bzw. cyclischen Kohlenwasserstoffe, die lediglich aus einfach gebundenen Kohlenstoff- und Wasserstoffatomen bestehen, thematisiert. Hier liegt der Fokus nun auf den Alkenen (veraltet: Olefine). Doch wo liegt der Unterschied zwischen beiden Verbindungsklassen? Von der Schreibweise her lediglich bei einem Buchstaben, doch aus chemischer Sicht weist das „e" im Namen der Verbindung darauf hin, dass es sich um eine ungesättigte Kohlenwasserstoffverbindung mit mindestens einer Doppelbindung handelt (◘ Abb. 2.1).

Dies bedeutet, dass nicht alle Valenzen des Kohlenstoffatoms gesättigt, sprich nicht „verbraucht" sind. Daher gilt: Sobald in einer Struktur mindestens eine C–C-Doppelbindung (oder C–C-Dreifachbindung) zu finden ist, ist sie als ungesättigte Verbindung zu bezeichnen. Sind mehrere solcher Bindungen zu finden, dann nennt der Naturwissenschaftler die Verbindung mehrfach ungesättigt. Daneben sind noch die Bezeichnungen Dien für Verbindungen mit zwei Doppelbindungen, Trien für solche mit drei und Tetraen für Verbindungen mit vier Doppelbindungen möglich. Der aus dem Griechischen hergeleitete Begriff Polyene bezeichnet allgemein Moleküle, die mehr als eine Doppelbindung aufweisen. Analog gilt das gleiche Prinzip natürlich auch für Dreifachbindungen, die wir jedoch erst im folgenden Kapitel (▶ Kap. 3) betrachten werden.

Die Polyene können nach der relativen Position ihrer Doppel- bzw. Dreifachbindungen weiter eingeteilt werden: Kumulierte Bindungen enthalten zwei direkt aufeinander folgende Mehrfachbindungen, konjugierte Bindungen wechseln sich ab (Einfach- und Doppelbindungen alternieren) und isolierte zeichnen sich dadurch aus, dass die nächste Doppelbindung mindestens zwei Einfachbindungen weit entfernt liegt

◧ Abb. 2.1 Allgemeine Darstellung eines Alkens

$$\begin{array}{c} R_1 \quad\quad R_4 \\ C\!=\!C \\ R_2 \quad\quad R_3 \end{array}$$

R = H oder Alkylgruppe

◧ Abb. 2.2 Relative Bindungsposition bei C–C-Mehrfachbindungen

$H_2C\!=\!C\!=\!CH_2$

kumuliert   konjugiert   nicht konjugiert (isoliert)

(◧ Abb. 2.2). Verbindungen, die als Strukturelement kumulierte Doppelbindungen enthalten, werden auch als Allene bezeichnet. Verglichen mit den anderen Polyenen weisen sie die geringste Stabilität auf. Allgemein sind konjugierte Mehrfachbindungen stabiler als isolierte, und diese sind wiederum stabiler als kumulierte. Diese Unterschiede sind auf sterische sowie mesomere Aspekte zurückzuführen.

Solltest du anfänglich Probleme haben, die Alkane, Alkene und Alkine auseinanderzuhalten, dann orientiere dich am Alphabet: Es ändert sich bei den Bezeichnungen Alkan, Alken, Alkin jeweils nur ein Buchstabe. Wenn wir die relative alphabetische Position dieser Buchstaben betrachten, so ergibt sich:

$$A = 1, E = 2, I = 3$$

Die Zahlen geben dir zudem die maximale Zahl der Bindung zwischen zwei beliebigen Kohlenstoffatomen dieser Verbindung an.

2.2 Struktur

Die Kohlenstoffatome an den Doppelbindungen der Alkene haben drei sp^2-Hybridorbitale und ein reines p-Orbital. Daraus ergibt sich, dass jeweils ein Elektron aus einem sp^2-Hybridorbital und ein Elektron des p_z-Orbitals mit ihren Gegenübern wechselwirken können und die Doppelbindung planar ist. Es bilden zwei sp^2-Hybridorbitale der beiden beteiligten Kohlenstoffatome durch entsprechende Überlappung eine σ-Bindung und die beiden senkrecht zur Ebene stehenden p-Orbitale eine π-Bindung durch seitliche Orbitalüberlappung.

Die räumliche Anordnung der beiden Bindungen einer Doppelbindung verhindert die Drehung. Für eine Drehung müsste die π-Bindung, die eine Energiebarriere von $259\,\text{kJ}\,\text{mol}^{-1}$ aufweist, zunächst gebrochen werden. Als Faustregel gilt, dass eine Energiebarriere, die oberhalb der $80\,\text{kJ}\,\text{mol}^{-1}$ liegt, bei Raumtemperatur nicht überwunden wird. Die drei sp^2-Hybridorbitale eines Kohlenstoffatoms sind in 120°-Winkeln angeordnet, was für die geringstmögliche Abstoßung sorgt. Da die beiden Atomkerne durch die zwei bindenden Elektronenpaare stärker angezogen werden, ist die Bindungslänge geringer als bei der C–C-Einfachbindung (Hart et al. 2007).

Die Elektronenwolke der π-Bindung ist überaus exponiert und elektronenreich, weshalb die Bindung von sehr vielen Elektrophilen bevorzugt angegriffen wird. Alkylgruppen können Alkene jedoch durch Hyperkonjugation (Orbitalüberlappung, die eine Elektronendelokalisation ermöglicht) stabilisieren und damit weniger reaktiv machen.

Mit der Einteilung in *cis-/trans-Isomere* sowie der *E/Z-Konfiguration* beschäftigen wir uns in einem der folgenden Unterkapitel (▶ Abschn. 2.4).

2.3 Nomenklatur

Wer die Nomenklatur der Alkane (▶ Abschn. 1.4) beherrscht, wird schnell merken, dass es ein Leichtes ist, die IUPAC-konforme Benennung der Alkene zu verstehen.

Bevor es zur Anwendung eines Benennungsschemas kommt, ist es sinnvoll, wie oben bereits gelernt, den Verbindungen das Suffix „-en" anzuhängen. Dies rührt daher, dass die Doppelbindung als funktionelle Gruppe (eigentlich eine die organische Verbindung charakterisierende Atomgruppe wie z. B. die „-OH-Gruppe") betrachtet wird und somit das Suffix bestimmt. Die Bezifferung der funktionellen Gruppe im Verbindungsnamen erfolgt lediglich in den Fällen, in denen dies tatsächlich nötig ist, um die Verbindung zweifelsfrei zu kennzeichnen (z. B. Buta-1,3-dien). Nun folgt die bewährte Vorgehensweise zur Benennung der Alkene in fünf Schritten (◘ Abb. 2.3; ◘ Abb. 2.4):

1. Die längste Kohlenstoffkette suchen, die die Doppelbindung enthält.
2. Kette so nummerieren, dass die Doppelbindung die kleinstmögliche Nummer erhält. Zur Positionsbestimmung wird immer die kleinere Ziffer der Kohlenstoffatome genannt, zwischen denen die Doppelbindung lokalisiert ist.

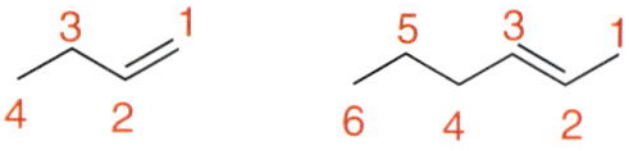

But-1-en   Hex-2-en

◘ **Abb. 2.3** Korrekte Nummerierung der Doppelbindung nach IUPAC

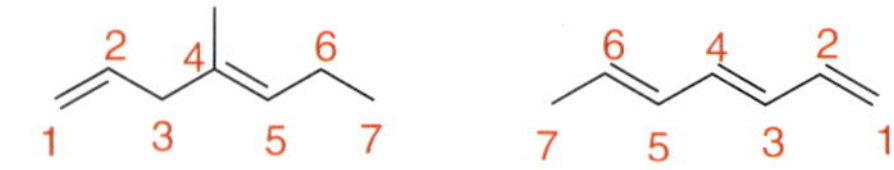

4-Methylhepta-1,4-dien   Hepta-1,3,5-trien

◘ **Abb. 2.4** Korrekte IUPAC-Nummerierung der Doppelbindung bei verzweigten Alkenen und Verbindungen mit mehreren Doppelbindungen

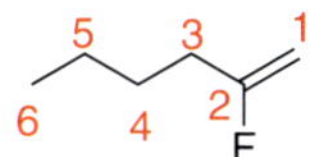

Abb. 2.5 Korrekte alphabetische Reihenfolge der Reste nach IUPAC

1-Bromo-4-chloropenta-1,3-dien

2-Fluorohex-1-en

a. Ist die Kette verzweigt und die Anzahl der Kohlenstoffatome gerade, dann erfolgt die Nummerierung so, dass die Verzweigung(en) oder andere Substituenten die kleinstmögliche Ziffer erhält/erhalten.

b. Sind mehrere Doppelbindungen vorhanden, wird hier ebenfalls so nummeriert, dass kleinstmögliche Werte zugewiesen werden können.

c. Enthält die Verbindung zusätzlich zu den Doppel- auch Dreifachbindungen, dann erhält/enthalten die Doppelbindung(en) die kleinere(n) Ziffer(n).

3. Anhand der längsten Kette das namensgebende Alkan bestimmen und bei Verbindungen mit einer Doppelbindung das Suffix „-en" anhängen. Bei mehreren Doppelbindungen, wird „-dien", „-trien", „-tetraen" usw. angehängt. In diesen Fällen wird der Hilfsbuchstaben „a" eingefügt, z. B. bei Penta-2,3-dien, um die Aussprache zu erleichtern.

4. Die unter Punkt 2 bestimmte Zahl in den bisher ermittelten Namen integrieren, d. h. dem Suffix „en", „dien" usw. voranstellen (z. B. Penta-2,3-dien oder Pent-1-en).

5. Nun werden, sofern vorhanden, zusätzliche Substituenten samt ihrer Bezifferung dem bis dahin ermittelten Namen in alphabetischer Reihenfolge vorangestellt (z. B. 1-Bromo-2-chloro-…; **Abb. 2.5**).

2.3.1 Besonderheit Ringsysteme und Substituenten

Sollte die Doppelbindung bei einer cyclischen Verbindung im Ring selbst enthalten sein (z. B. bei Cyclohexen), werden der Doppelbindung immer die 1 und die 2 zugewiesen, weshalb diese Ziffern nicht im Verbindungsnamen genannt werden (**Abb. 2.6**). Es ist lediglich darauf zu achten, dass eventuelle Substituenten möglichst niedrige Nummern erhalten (bspw. 3-Bromocyclohexen statt 6-Bromocyclohexen). Substituenten, die eine Doppelbindung enthalten, werden mit dem Suffix „-enyl" kenntlich gemacht.

Abb. 2.6 Benennung von cyclischen Verbindungen nach IUPAC

3-Bromocyclohexen

5,6-Difluorocyclohepta-1,3-dien

2.3.2 Trivialnamen

Trotz aller Systematisierungen sind Trivialnamen in der organischen Chemie immer noch unerlässlich. Bei den Alkenen sind es jedoch nur wenige und sehr naheliegende Trivialnamen, die es zu wissen gilt. Ethylen ist, vor allem im Angelsächsischen, der Trivialname von Ethen und Propylen der von Propen. Bei den Substituenten mit Doppelbindung wird der Ethenyl-Rest auch als Vinyl-Rest und die 2-Propenyl-Gruppe als Allyl-Gruppe bezeichnet.

2.4 Isomerie

Da C–C-Doppelbindungen nicht frei drehbar sind (▶ Abschn. 2.2), ist es in bestimmten Fällen nötig, Konfigurationsisomere auszuweisen. Nicht nötig ist diese Kennzeichnung bei einer Doppelbindung, die an mindestens einem der beteiligten Kohlenstoffatome zwei gleiche Substituenten besitzt.

Sofern die beteiligten Kohlenstoffatome lediglich einen Nicht-Wasserstoff-Substituenten tragen, kann die Nomenklatur mit der veralteten cis-/trans-Einteilung geschehen. Da diese immer noch verbreitet ist, empfiehlt es sich, sie zu kennen. Bei einem cis-Isomer liegen zwei funktionelle Gruppen auf der gleichen Seite der Doppelbindung, wohingegen sie bei trans-Isomeren auf gegenüberliegen Seiten zu finden sind. Da diese Bezeichnung jedoch bei höher substituierten C–C-Doppelbindungen nicht mehr eindeutig ist, hat die IUPAC die an die CIP-Konvention (Cahn-Ingold-Prelog-Konvention) angelehnte *E/Z*-Nomenklatur eingeführt. Hierbei signalisiert *E*, dass sich gleichartige Substituenten (d.h. in diesem Fall die Substituenten mit der höchsten Priorität; Ordnungszahl ergibt die Priorität) entgegen und *Z*, dass diese zusammen stehen. Dabei erfolgt die Betrachtung entlang der horizontalen Achse der Doppelbindung des Moleküls. Trägt ein von uns betrachtetes Alken an den beiden C-Atomen der Doppelbindung jeweils einen Substituenten (z. B. Cl- und/oder Br-Atom), dann entspricht *Z*- dem cis- und *E*- dem trans-Isomer. Bei mehr als zwei unterschiedlichen Substituenten muss jedoch die *E/Z*-Nomenklatur angewendet werden, da eine cis-/trans-Einteilung nicht eindeutig wäre.

Beide Arten der Klassifikation gehen letztendlich von Prioritäten bei den Substituenten aus. Folgendes Vorgehen ist generell zu empfehlen (vgl. Beispiele in ◘ Abb. 2.7).

1. An beiden Kohlenstoffatomen der Doppelbindung separat die Prioritäten anhand der Ordnungszahl der gebundenen Atome festlegen und bestimmen, ob die höchsten Substituenten einander entgegen stehen oder zusammen liegen.
2. Sollte eine Pattsituation eintreten, geht es mit dem nächsten Atom weiter, bei dem wiederum alle an dieses Atom gebundenen Substituenten betrachtet werden. Dies wird so lange fortgeführt, bis eine Unterscheidung möglich ist.

◘ Abb. 2.7 Beispiele zur Isomerie

(*E*)-Pent-2-en   (*Z*)-Pent-2-en

(2*E*,4*E*)-Hexa-2,4-dien   (2*E*,4*Z*)-Hexa-2,4-dien

3. Werden weitere Mehrfachbindungen angetroffen (jeglicher Art), dann gilt, dass das mehrfach gebundene Atom auch mehrfach gezählt wird (Beispiel: $=O$ würde als $-O + -O$, also als $2 \times O$ gewertet).
4. Sofern Atome gleicher Ordnungs- aber unterschiedlicher Massenzahl (Isotope) angetroffen werden, dann ist die Priorität immer anhand der Masse festzulegen. Sollten z. B. die Wasserstoffisotope Deuterium und Tritium an einem sp^2-hybridisierten Kohlenstoffatom gebunden sein, dann würde Tritium die höhere Priorität zugewiesen werden.
5. *E-/Z-* bzw. *cis-/trans-* der Verbindung als Präfix voranstellen!
6. Sind zwei oder mehr Doppelbindungen im Molekül vorhanden, dann erhöht sich die Zahl der Isomere von zwei auf vier (bzw. noch mehr). Gemäß der *E/Z*-Nomenklatur wird der Verbindung dann ein Präfix vorangestellt, das die Position der Doppelbindungen berücksichtigt. Dies könnte z. B. (1*Z*,3*Z*) oder (2*E*,4*Z*) lauten.

Warum ist es denn so wichtig, dass diese Form der Konfigurationsisomere überhaupt angegeben wird? Einerseits um genau kenntlich zu machen, wie eine Verbindung aufgebaut ist, und andererseits, um zu wissen, welche chemischen und physikalischen Eigenschaften zu erwarten sind. Denn diese Isomere weisen z. T. bedeutende Unterschiede hinsichtlich ihrer Schmelz- und Siedepunkte, Bindungsenthalpie, Reaktivität etc. auf.

? Aufgabe 1

Benenne diese Verbindungen korrekt und beachte auch die Isomerie!

a

b

c

d

e

2.5 Physikalische und chemische Eigenschaften der Alkene und Cycloalkene

Als Nächstes wollen wir die homologe Reihe der Alkene betrachten, bei denen sich die Doppelbindung jeweils an der gleichen Stelle befindet (● Tab. 2.1). Bei Normbedingungen (273,15 °K; 1 atm) sind die ersten drei Vertreter der Reihe gasförmig. Ab fünf Kohlenstoffatomen sind die Alkene flüssig, noch höhere Alkene sind fest. In Wasser sind Alkene kaum löslich. Sie verhalten sich lipophil/hydrophob, und ihre Dichte ist geringer als die des Wassers. Allgemein lässt sich hier festhalten, dass sich die physikalischen Eigenschaften der Alkene nicht allzu stark von denen der Alkane unterscheiden. Ihre Bindungen sind jedoch stärker polarisiert als die der Alkane, die ein Dipolmoment von 0 aufweisen. Die Löslichkeit ist daher im polaren Lösungsmittel etwas besser. Aufgrund der Van-der-Waals-Wechselwirkungen sind die Siedepunkte der Alkene leicht höher als der korrespondierenden Alkane. Es ist zudem zu berücksichtigen, dass nichtterminale Alkene höhere Siede-/Schmelzpunkte aufweisen als terminale (endständige) Alkene. Gleiches gilt für ein cis-Isomer, da dieses ein kleineres Dipolmoment als sein zugehöriges trans-Isomer aufweist.

Viele Reagenzien, wie z. B. Halogene, können die Doppelbindung bzw. den schwachen π-Bindungsteil der Alkene (Reaktivitätszentrum, ▶ Abschn. 2.6) sehr gut elektrophil angreifen. Allgemein wird hierbei die elektronenreiche Doppelbindung durch ein elektronenliebendes Teilchen (bspw. Br_2, ● Abb. 2.8) angegriffen. Wir sprechen hier von einer Addition, da Br_2 angelagert, d. h. der Verbindung „zugefügt" wird. Weitere, wichtige Reaktionen sind bspw. Oxidation, Hydrierung sowie Ozonierung (Ozonolyse, ● Abb. 2.9). Grundsätzlich sind Alkene reaktiver als die entsprechenden (kurzkettigen) Alkane.

Ein unspezifischer C–C-Doppelbindungsnachweis ist die Bromierung von Alkenen, die bereits ohne Energiezufuhr mithilfe von Bromwasser durchführbar ist

◘ Tab. 2.1 Übersicht wichtiger Alkene in homologer Reihenfolge

Verbindung	Name	Aggregatzustand (bei Raumtemperatur)
C_2H_4	Ethen	Gasförmig
C_3H_6	Propen	Gasförmig
C_4H_8	Buten	Gasförmig
C_5H_{10}	Penten	Flüssig
C_6H_{12}	Hexen	Flüssig
C_7H_{14}	Hepten	Flüssig
C_8H_{16}	Octen	Flüssig
C_9H_{18}	Nonen	Flüssig
$C_{10}H_{20}$	Decen	Flüssig

◘ Abb. 2.8 Bromierung eines Alkens

(◘ Abb. 2.8). Durch Entfärbung des Bromwassers ist zu erkennen, dass ein Alken eingeleitet wurde und kein Alkan, das nicht reagiert hätte. Die Reaktion verläuft dabei über einen π-Komplex sowie ein Bromoniumion als Zwischenprodukt. Als Produkt wird i. d. R. ein zweifach bromiertes Alkan erhalten, bei dem die beiden Bromatome *anti* zueinander stehen (auf gegenüberliegenden Seiten). Dies ist der Fall, weil das intermediär gebildete Bromoniumion nur durch einen Rückseitenangriff vom Bro-

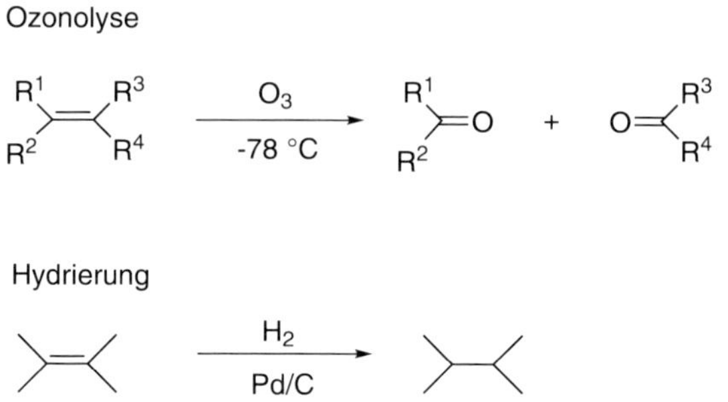

Ozonolyse

Abb. 2.9 Ozonolyse und Hydrierung eines Alkens

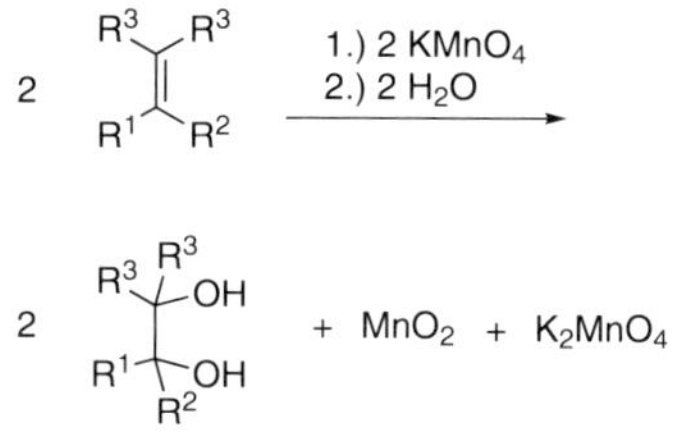

Hydrierung

Abb. 2.10 Baeyer-Probe

midion geöffnet werden kann. Es ist zu berücksichtigen, dass Phenole und diverse reduzierende Verbindungen das Bromwasser ebenfalls entfärben können.

Ein alternativer Nachweis, der allerdings auch bei Alkinen positiv ausfällt, ist die **Baeyer-Probe**, bei der das Alken (oder Alkin) durch Kaliumpermanganat oxidiert wird (■ Abb. 2.10).

2.6 Vorkommen, Gewinnung und Verwendung der Alkene und Cycloalkene

Alkene in Form von ungesättigten Fettsäuren sowie Alkeneinheiten kommen in der Natur häufig vor. Letztere oft als Bestandteile großer, polycyclischer und cyclischer Molekülsysteme, u. a. in Naturstoffen wie Terpenen, Vitaminen, Steroiden oder Pheromonen. Besonders wichtige Vertreter sind die Terpene, die für den Duft vieler Pflanzen in Form von ätherischen Ölen verantwortlich sind (Hart et al. 2007). Doch auch das Phytohormon (Pflanzenhormon) Ethen sollte uns in seiner Wirkung bekannt sein. Es stimuliert u. a. die Fruchtreifung und ist für den Blattabwurf verantwortlich. Es reichen bereits geringste Mengen dieses gasförmigen Pflanzenhormons aus, die entsprechenden Prozesse auszulösen. Beispielsweise reift eine Banane, die neben einem Ethen ausgasenden Apfel liegt, deutlich schneller, als wenn sie neben einer anderen Banane liegen würde. Ethen per se ist zwar kein Hormon im eigentlichen Sinne, da

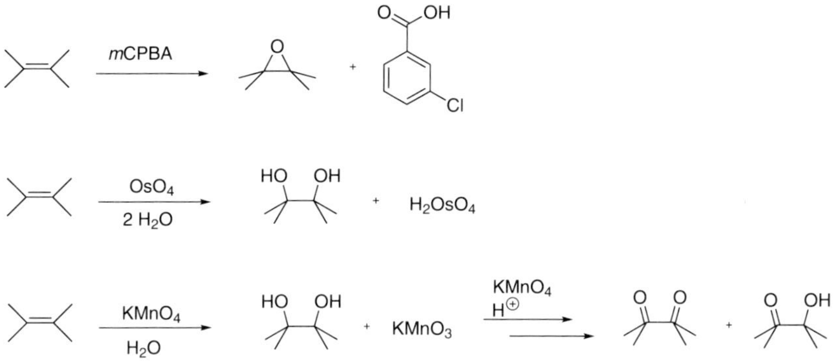

◘ Abb. 2.11 Oxidation der Alkene

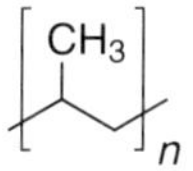

Polypropylen
-[C_3H_6]_n-

◘ Abb. 2.12 Polypropylen

nicht alle Eigenschaften eines Hormons zutreffen. Dennoch ist eine Klassifikation als Phytohormon üblich.

Industriell erfolgen die Darstellung des Ethens und die der anderen kurzkettigen Alkene aus Erdöl mithilfe des Crackens, worunter die Zerlegung langkettiger Kohlenwasserstoffe in kürzere Ketten (Benzin, Diesel, Alkene etc.) zu verstehen ist. Aufgrund starker Isomerisierung ist dieses Verfahren für die Darstellung langkettiger Alkene wenig geeignet. Weiterhin ist es möglich, Alkine (▶ Kap. 3) katalytisch zu hydrieren (Wasserstoff anzulagern) und so aus einer C–C-Dreifach- eine C–C-Doppelbindung zu erhalten. Allerdings können auf diese Weise lediglich cis- bzw. Z-Alkene erhalten werden. Alternativ können Alkene noch durch β-Eliminierungen synthetisiert werden.

Die Reaktion von Alkenen mit Oxidationsmitteln liefert Epoxide, Carbonsäuren sowie Diole und ggf. Ketone. Als Oxidationsmittel kommen u. a. $KMnO_4$, OsO_4 sowie m-CPBA ($meta$-Chlorperbenzoesäure) infrage (◘ Abb. 2.11). Das starke Oxidationsmittel m-CPBA wird häufig zur Epoxidierung von Alkenen eingesetzt, da es sich sehr gut im Labor handhaben und als Pulver lagern lässt. Zudem wird bei einer Epoxidierung mittels m-CPBA immer die Stereochemie beibehalten, sodass bspw. ein trans-Alken immer auch ein trans-Produkt liefert.

Alkene können überaus vielfältig eingesetzt werden, da die Verbindungen als Ausgangschemikalien in verschiedensten Syntheseprozessen für Treibstoffe, Kunststoffe, Alkohole, Waschmittel etc. dienen. Die bedeutendsten Vertreter in diesem Bereich sind Ethen, Propen und 1,3-Butadien. Ethen gilt als die wichtigste und Propen als die zweitwichtigste organische Ausgangssubstanz der chemischen Industrie. Das liegt vor allem daran, dass Kunststoffe (Polymere), die sich leicht aus diesen beiden Alkenen synthetisieren lassen, für uns alle unverzichtbar geworden sind – ob in Form eines Smartphones, einer Flasche aus PET (Polyethylenterephthalat), einer Polyethylen-Plastiktüte, eines Joghurtbechers aus Polypropylen (PP) oder eines Rucksacks (◼ Abb. 2.12). Zudem ist ihre Produktion sehr kostengünstig, und sie sind als Alken-Polymere ebenso reaktionsträge wie die Alkane. Ein Leben ohne diese Kunststoffe ist für viele Menschen kaum mehr vorstellbar.

✓ Lösungen zu den Aufgaben

Benenne die Verbindungen:

a. (2*E*,4*Z*)-Hexa-2,4-dien
b. (*E*)-1-Bromo-2-chloroethen
c. (*E*)-5-Methylhexa-1,3-dien
d. (*E*)-3-Fluoro-4-methylhexa-1,4-dien
e. (*E*)-Hexa-1,3,5-trien

Literatur

Hart H, Craine L, Hart D, Hadad C (2007) Organische Chemie. Wiley, Weinheim

Weiterführende Literatur

Bruice P (2011) Organische Chemie: Studieren kompakt. Pearson, München

Alkine und Cycloalkine

Stefanie Federle, Stefanie Hergesell, Sebastian Schubert

Aliphatische Kohlenwasserstoffe, die an einer beliebigen Position des Moleküls mindestens eine Kohlenstoff-Kohlenstoff-Dreifachbindung aufweisen, werden als Alkine bezeichnet. Alkine reagieren ähnlich wie die Alkene und gehen bevorzugt elektrophile Additionen ein. Alkine kommen in nicht allzu großen Mengen in der Natur, bspw. in Tieren oder Pilzen, vor. Bei der chemisch-technischen Verwendung spielt v. a. Ethin eine große Rolle, da es überaus vielseitig verwendet werden kann und als Vorstufe vieler Folgeprodukte (z. B. Essigsäure, Essigsäureanhydrid, Aceton, Ethanol) anzusehen ist. Ist die charakteristische Dreifachbindung der Alkine am Ende einer Verbindung lokalisiert, weist diese i. d. R. eine vergleichsweise hohe Acidität auf.

3.1   Allgemeines und Definition

> Alkine sind aliphatische Kohlenwasserstoffe, die an einer beliebigen Position des Moleküls mindestens eine Kohlenstoff-Kohlenstoff-Dreifachbindung besitzen und eine homologe Reihe mit der allgemeinen Summenformel C_nH_{2n-2} (mit $n = 2, 3, 4, …$) bilden.

In diesem Kapitel geht es nahtlos mit den aliphatischen Kohlenwasserstoffen weiter. Diesmal erhöht sich die Bindungsanzahl der Kohlenstoff-Kohlenstoff-Bindungen auf drei. Verbindungen, in denen eine C–C-Dreifachbindung enthalten ist, werden „Alkine" genannt (◘ Abb. 3.1).

Analog zu den Alkenen sind auch bei den Alkinen nicht alle Valenzen gesättigt, weshalb sie ebenfalls als ungesättigt bzw. mehrfach ungesättigt bezeichnet werden. Verbindungen mit mehreren C–C-Dreifachbindungen werden Polyine genannt und analog zu den Alkenen mit „-diin", „-triin" usw. bezeichnet. Kumulierte Dreifachbindungen existieren nicht.

Cycloalkine sind unter Standardbedingungen erst bei Ringen, die mehr als sieben Glieder aufweisen, stabil (◘ Abb. 3.2). Dies liegt an der linearen Geometrie der

◘ Abb. 3.1 Einige einfache Alkine   HC≡CH   H₃C—≡CH   H₃C–C≡C–CH₃

Ethin   Propin   But-2-in

Cyclooctin   Cyclodecin

◘ Abb. 3.2 Die Cycloalkine Cyclooctin und Cyclodecin

	Bindungswinkel in °	Bindungslänge in pm	Mittlere Bindungsenergie in kJ mol^{-1}
Tab. 3.1 Vergleich verschiedener C–C-Bindungen. (Hollemann et al. 1995)			
C–C-Einfachbindung	109,5	154	345
C–C-Doppelbindung	120	134	615
C–C-Dreifachbindung	180	120	811

sp-hybridisierten Dreifachbindung (▶ Abschn. 3.2). In der Laborpraxis sind Cycloalkine kaum von Bedeutung.

3.2 Struktur und Acidität

Die für Alkine charakteristische Dreifachbindung besteht aus zwei π-Bindungen und einer σ-Bindung (aus der sp-Überlappung) zwischen den beteiligten Kohlenstoffatomen. Die parallel ausgerichteten p-Orbitale dieser Atome überlappen seitlich und bilden dadurch die π-Bindungen, die im rechten Winkel zueinander stehen und die σ-Bindung zylindrisch umschließen.

C–C-Dreifachbindungen weisen Bindungswinkel von 180° auf und sind planar. Verglichen mit den übrigen, bereits behandelten Vertretern der Kohlenwasserstoffe weisen C–C-Dreifachbindungen mit 120 pm die kürzesten Bindungslängen, die höchste absolute Bindungsenergie (811 kJ mol^{-1}) und die größten Bindungswinkel (180°) auf (■ Tab. 3.1). Wie auch im Fall der Alkene können Alkylgruppen die Reaktivität der Alkine durch Hyperkonjugation herabsetzen (Hollemann et al. 1995).

Terminale Alkine sind vergleichsweise sehr sauer. Die Säurestärke wird v. a. durch die Fähigkeit einer Verbindung bestimmt, ein Proton abzugeben (Protolyse) und auf eine andere Verbindung zu übertragen. Die Fähigkeit zur Protolyse wird wiederum dadurch determiniert, wie stark ein Atom die Elektronen zu sich „zieht", d. h. wie elektronegativ es ist. Doch neben der Elektronegativität spielt die strukturelle Umgebung (u. a. Hybridisierung) des Moleküls eine wesentliche, nicht zu vernachlässigende Rolle. Atome können in s-Orbitalen befindliche Elektronen deutlich besser anziehen als solche, die sich in p-Orbitalen befinden. Es sollte bei der Analyse der Hybridisierung der C-Atome in Ethin (sp), Ethen (sp^2) und Ethan (sp^3) schnell klar werden, dass der s-Anteil in Ethin mit 50 % am größten ist (Bruice 2011). Durch den geringen Abstand zum positiv geladenen Kern kann das im Falle einer Deprotonierung zurückgebliebene, negativ geladene Elektron besser stabilisiert werden (■ Abb. 3.3). *Anmerkung*: Das Konzept der Hybridisierung sollte aus der Allgemeinen Chemie bekannt sein und wird daher in diesem Buch nicht grundlegend thematisiert.

Ethan		Ethen		Ethin
H_3C-CH_3	$<$	$H_2C=CH_2$	$<$	$HC\equiv CH$
sp^3		sp^2		sp
$pK_s = 50$		$pK_s = 44$		$pK_s = 25$

○ **Abb. 3.3** Relative Aciditäten von Alkanen, Alkenen und Alkinen

$$\longrightarrow$$

zunehmende Acidität

Diese Aspekte sind jedoch nur für terminale Alkine relevant, da ein nichtterminales Alkin an der C–C-Dreifachbindung nicht deprotoniert werden kann.

3.3 Nomenklatur

Die Nomenklatur bzw. das Vorgehen bei der Benennung orientieren sich an der Benennung der Alkane (▶ Kap. 1) sowie Alkene (▶ Kap. 2). Der Stammname des Alkins leitet sich von dem Alkan mit der gleichen Anzahl an Kohlenstoffatomen ab. Die Endsilbe -an wird durch -in ersetzt. Handelt es sich um ein verzweigtes Alkin, gibt die längste mögliche Kohlenstoffkette, welche die Dreifachbindung enthält, den Stammnamen an. Die Priorität eines Alkinrests ist höher als die eines Alkenrests (CIP-Konvention, ▶ Kap. 2).

3.4 Physikalische und chemische Eigenschaften der Alkine und Cycloalkine

Hinsichtlich der homologen Reihe der Alkine ist es wichtig, dass auch die Isomere betrachtet werden. Grundsätzlich lässt sich feststellen, dass der Siedepunkt von Alkinen etwas über dem der korrespondierenden Alkene liegt. Terminale (endständige) Alkine haben einen niedrigeren Siedepunkt als Verbindungen mit innenständiger Dreifachbindung. Als Beispiele sind in ○ Tab. 3.2 einige Siede- und Schmelzpunkte dargestellt. Doch grundsätzlich unterscheiden sich Alkine nicht überaus stark in ihren physikalischen Eigenschaften von den Alkanen und Alkenen. Sie sind ebenfalls lipophil und hydrophob. Da die Dreifachbindung leichter polarisierbar und kürzer als eine C–C-Einfach- oder -Doppelbindung ist, besitzen Alkine höhere Schmelz- und Siedepunkte als ihre korrespondierenden Alkane und Alkene. Aufgrund der Dreifachbindung sind Alkine energiereicher als vergleichbare Kohlenwasserstoffe mit Doppel- oder Einfachbindung. Sehr stark unterscheiden sich terminale Alkine von den Alkanen und Alkenen, vor allem durch ihre vergleichsweise hohe C–H-Acidität (▶ Abschn. 3.2).

□ Tab. 3.2 Homologe Reihe der Alkine. (Hart et al. 2007)

Formel	Name	Smp. in °C	Sdp. in °C	Aggregatzustand bei Raumtemperatur
C_2H_2	Ethin	Unter Druck: −81,5	T_{sub}: −84,0	Gasförmig
C_3H_4	Propin	−102,7	−23,2	Gasförmig
C_4H_6	But-1-in	−122,5	8,1	Gasförmig
C_4H_6	But-2-in	−32,3	27,0	Flüssig
C_5H_8	Pent-1-in	−90,0	39,3	Flüssig
C_5H_8	Pent-2-in	−101,0	55,5	Flüssig
C_6H_{10}	Hex-1-in	−132,0	71,0	Flüssig
C_6H_{10}	Hex-2-in	−88,0	84,0	Flüssig
C_6H_{10}	Hex-3-in	−105,0	81,0	Flüssig

Die Reaktionen der Alkine sind mit denen der Alkene vergleichbar. Da es sich ebenfalls um elektronenreiche Verbindungen handelt, gehen sie bevorzugt elektrophile Additionen ein. *Anmerkung*: Diese Reaktionsklasse sollte uns natürlich allen bekannt sein, da sie eine der grundlegendsten Reaktionen der organischen Chemie darstellt.

Alkine sind jedoch, obwohl energiereicher, aufgrund des räumlichen Aufbaus der Bindung bei bestimmten Reaktionen nicht so reaktiv wie die korrespondierenden Alkene. Zudem kann es bei Alkinen im Reaktionsverlauf zu einer zweiten Addition kommen. Mit Alkenen verglichen sind Alkine gegenüber Elektrophilen weniger reaktionsfähig, gegenüber Nucleophilen allerdings reaktiver. Dies ist auf die Bindungswinkel und Hybridisierung der C–C-Dreifachbindung zurückzuführen (▶ Abschn. 3.2). Weitere erwähnenswerte Reaktionen sind bspw. die Hydrierung (vgl. Alkene, ▶ Kap. 2) und die Bildung von salzartigen Alkinyliden mit Übergangsmetallen.

Zur Hydrierung werden Katalysatoren wie Platin oder Palladium oder vergiftete Katalysatoren (abgeschwächte Wirkung) wie der Lindlar-Katalysator eingesetzt. Letzterer besteht aus Palladium als Katalysator, Calciumcarbonat als Trägerstoff und Blei-acetat (oder Blei(II)-oxid) als Katalysatorengift. Dieses verhindert eine weitere Hydrierung des entstehenden Alkens zum Alkan. Der Lindlar-Katalysator führt selektiv zu Z-Alkenen, da es sich um einen Kontakt-Katalysator handelt (Bruice 2011, Lindlar und Dubuis 1966).

❗ Achtung

Insbesondere Ethin stellt eine große Gefahr durch die sog. Selbstzersetzung in seine Elemente dar. Schon durch elektrostatische Entladung oder Kompressionswärme kann dieser Prozess angestoßen werden, der je nach Konzentration zu einer starken Explosion führen kann. In der industriellen Verwendung wird diese Verbindung daher in explosionsgeschützten Gasbomben gelagert.

3.5 Vorkommen, Gewinnung und Verwendung der Alkine und Cycloalkine

Es wäre eine naheliegende Vorstellung, dass die Alkine ebenfalls in Erdöl zahlreich vertreten sind. Jedoch ist das Vorkommen dieser Verbindungen in Erdöl sehr gering. Alkine kommen, wenn auch in nicht allzu großem Umfang, in der Natur vor. So finden sich Alkine bzw. Naturstoffe mit C–C-Dreifachbindungen bspw. in Pflanzen, Tieren (z. B. südamerikanischer Pfeilgiftfrosch) und Pilzen, die an ihrem alkinbedingten, charakteristischen „Pilzgeruch" zu erkennen sind (Bruice 2011). Weiterhin gibt es natürlich vorkommende Endiin-Antibiotika (Endiin-Gruppe, ❍ Abb. 3.4), die sich durch ihre Antitumorwirkung auszeichnen (Jones und Fouad 2004). Doch C–C-Dreifachbindungen kommen auch in weniger „exotischen" Bereichen des Alltags vor. So wurde bereits im 19. Jh. die erste Alkineinheit in Kamillenblüten identifiziert (Bruice 2011).

Ein natürliches Ethinvorkommen ist auf der Erde bisher nicht bekannt.

Zur Darstellung von Ethin war das **Carbid-Verfahren** lange Zeit vorherrschend. Dazu werden in einem ersten Schritt Kalk und Koks bei etwa 2000 °C zu Calciumcarbid und Kohlenstoffmonoxid umgesetzt. Heute wird die Verbindung jedoch i. d. R. im **Lichtbogen-Verfahren** gewonnen, bei dem Methan dimerisiert und dehydriert wird. Alternativ kann Kohle mit Wasserstoff im Lichtbogen umgesetzt werden, was allerdings keine technische Relevanz besitzt. Weiterhin steht die **partielle Methanoxidation** zur Darstellung von Ethin zur Verfügung (Hart et al. 2007).

- Hydrolyse von Calciumcarbid

  $CaC_2 + 2\,H_2O \rightarrow C_2H_2 + Ca(OH)_2$

- Lichtbogen-Verfahren

  a) $2\,CH_4 \rightarrow C_2H_2 + 3\,H_2$

  b) $Kohle + H_2 \xrightarrow{\Delta} C_2H_2$ (33 % Umsatz) + Salze

- Partielle Methanoxidation

  $4\,CH_4 + O_2 \rightarrow C_2H_2 + 2\,CO + 7\,H_2$

Um Alkine generell darzustellen gibt es zwei wichtige Methoden. Einerseits wird hierzu die doppelte Eliminierung (▶ Kap. 5) von 1,1- oder 1,2-Dihalogenalkanen mit

Abb. 3.4 Calicheamicin

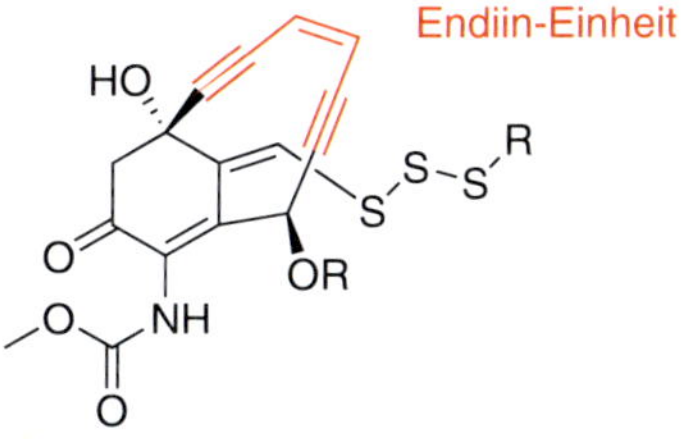

Calicheamicin
Endiin-Antibiotika

Abb. 3.5 Reppe-Vinylierung

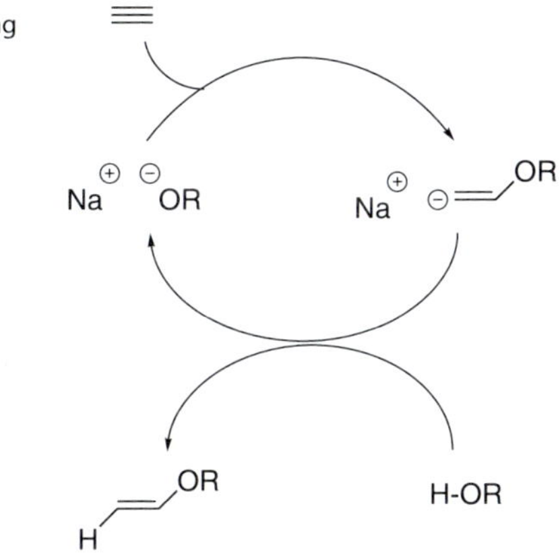

starken Basen (unter Abspaltung von Halogenwasserstoffen) und andererseits die Alkylierung terminaler Alkinylanionen angewendet.

Hinsichtlich der Verwendung der Alkine ist das Ethin (Acetylen) besonders interessant, da es als „Allzweckwaffe" gesehen werden kann. So ist es möglich, Acetaldehyd inkl. Folgeprodukten wie Essigsäure, Ethylacetat, Essigsäureanhydrid, Aceton, Ethanol, Crotonaldehyd und Butanol aus Ethin zu synthetisieren. Nach dem Begründer und bedeutenden Entwickler der Acetylenchemie, Walter Reppe, wird dieses Teilgebiet auch als Reppe-Chemie bezeichnet. Dabei wird Ethin unter erhöhtem Druck mit weiteren Edukten umgesetzt. Die vier wichtigsten Bereiche der Reppe-Chemie sind die Vinylierung, Ethinylierung, Hydrocarboxylierung sowie die Cyclisierung bzw. cyclisierende Polymerisation (Reppe 1949). In Abb. 3.5 ist die Reppe-Vinylierung dargestellt. Hierbei wird ein Alkohol an Ethin addiert, sodass ein Vinylether entsteht. Als Katalysator dient das entsprechende Alkoxid. Im ersten Schritt des Zyklus wird das nucleophile Alkoxid an das Ethin addiert. Durch Abstraktion eines Protons vom Alkohol bildet sich das Produkt, der Vinylether, und das Alkoxid wird regeneriert.

Die industrielle Bedeutung der Alkine beschränkt sich vor allem auf Ethin und Propin sowie deren Folgeprodukte (Exkurs: „Die Acetylenchemie"). Ungefähr drei Viertel der Produktion der beiden Verbindungen werden zur Synthese, vor allem für Polymerisationsreaktionen, eingesetzt. Ethin und Propin dienen aufgrund ihres hohen Energiegehalts auch als Hochtemperatur-Schweißgase (bis ca. 3100 °C) für das sog. Autogenschweißen. Hierbei wird das Metall zum Schmelzen gebracht, aber nicht oxidiert, wodurch sich zwei Metallkomponenten verbinden lassen.

❓ Aufgabe 1

Erkläre anhand folgender Gleichungen, warum beim Acetylenschweißen höhere Temperaturen erreicht werden, obwohl bei der Verbrennung des Ethans mehr Energie frei wird.

$$C_2H_2 + 2,5\,O_2 \rightarrow 2\,CO_2 + H_2O$$

$$C_2H_6 + 3,5\,O_2 \rightarrow 2\,CO_2 + 3\,H_2O$$

❓ Aufgabe 2

Was sind die wichtigsten Gründe für den Niedergang der Reppe-Chemie? Wie siehst du die Zukunft dieser Verfahren?

Verbindungen mit funktionellen Alkingruppen kommen in der Medizin zum Einsatz. Ethinylestradiol ist beispielsweise ein synthetischer Arzneistoff aus der Estrogengruppe, der zur Empfängnisverhütung eingesetzt wird. Medikamente, die Dreifachbindungen enthalten, werden u. a. deshalb gezielt synthetisiert, weil sie häufig besser vom Körper absorbiert werden und/oder weniger giftig sind als ähnliche Verbindungen mit Doppelbindungen (Hart et al. 2007).

✅ Lösungen zu den Aufgaben

Lösung 1

Diese Tatsache kann damit begründet werden, dass bei der Verbrennung von Ethin weniger Teilchen (drei anstelle von fünf) entstehen, wodurch weniger Energie benötigt wird. Konkret bedeutet dies, dass bei der Verbrennung weniger Wasser erhitzt wird, wodurch die maximale Temperatur steigt.

Lösung 2

Die gute Verfügbarkeit von Erdöl und die damit verbundene wirtschaftliche Gewinnung von Alkenen haben stark zum Niedergang der Reppe-Chemie beigetragen. Viele Acetylen-Folgeprodukte können heute preisgünstig aus niederen Alkenen synthetisiert werden. Mit immer knapper werdenden Erdölressourcen werden die Preise

Die Acetylenchemie

Die Hochphase der auf Kohle basierenden Acetylenchemie (Reppe-Chemie) kann auf die Zeit vor dem zweiten Weltkrieg datiert werden. Seit den 1960er-Jahren hat ihre Bedeutung sehr stark abgenommen. Allerdings wird Vinylether aktuell quasi ausschließlich aus Ethin hergestellt, und die Synthese von Butin-1,4- bzw. Butan-1,4-diol aus Ethin ist nach wie vor sehr verbreitet, wenn gleich auch ein modernes, auf Propylen basierendes Verfahren existiert.

für Alkene steigen bzw. im Laufe des 21. Jahrhunderts werden die Erdölvorkommen vermutlich erschöpft sein und v. a. Kohle noch als fossiler Energieträger zur Verfügung stehen. Dadurch ist es sehr wahrscheinlich, dass das aus Kohle gewonnene Ethin und damit die Reppe-Chemie wieder eine größere Bedeutung erlangen wird.

Literatur

Bruice P (2011) Organische Chemie: Studieren kompakt. Pearson, München
Hart H, Craine L, Hart D, Hadad C (2007) Organische Chemie. Wiley, Weinheim
Holleman A, Wiberg E, Wiberg N (1995) Lehrbuch der Anorganischen Chemie. de Gruyter, Berlin
Jones G, Fouad F (2004) Designed enediyne antitumor agents. Front Med Chem 1:189–214
Lindlar H, Dubuis R (1966) Palladium catalyst for partial reduction of acetylenes. Org Synth 46:89–92
Reppe W (1949) Neue Entwicklungen auf dem Gebiet der Chemie des Acetylen und Kohlenoxyds.
   Springer, Berlin Göttingen Heidelberg

Aromaten

Stefanie Federle, Stefanie Hergesell, Sebastian Schubert

© Springer-Verlag GmbH Deutschland 2017
S. Federle, S. Hergesell, S. Schubert, *Die Stoffklassen der organischen Chemie*,
https://doi.org/10.1007/978-3-662-54968-1_4

Bei Aromaten handelt es sich um eine Stoffklasse in der Organischen Chemie, die sich durch ihre besondere Stabilität und durch ihr außergewöhnliches Reaktionsverhalten auszeichnet. Zunächst gab es zahlreiche Versuche, das Grundgerüst des Benzols richtig darzustellen (= Valenzisomere). Erst die Kékulé-Struktur des Benzols lieferte die ersten richtigen Anhaltspunkte für den Grund der Stabilität und das Reaktionsverhalten. Da Benzol ein typischer Vertreter der aromatischen Verbindungen ist, werden in diesem Kapitel die Gründe der Stabilität von aromatischen Verbindungen vor allem anhand des Benzols näher beleuchtet. Neben den Aromaten gibt es zusätzlich die Kategorisierung in Anti-, und Nichtaromaten. Innerhalb der Aromaten kann man zudem zwischen Benzolderivaten, Heteroaromaten und kondensierten bzw. annelierten Aromaten unterscheiden. Unter die Benzolderivate fallen beispielsweise Phenol oder Anilin und unter die kondensierten Aromaten Naphthalin oder Anthracen.

4.1   Allgemeines und Definition

Im Folgenden wollen wir nun die Struktur des Benzols als „Aushängeschild" der Aromaten näher betrachten. Viele Reaktionsmechanismen der Aromaten können nur aufbauend auf einem Grundverständnis des Benzols verstanden werden. Zusätzlich verstehen wir die besondere Stabilität bzw. Inertheit des Benzols nur durch die genauere Betrachtung seiner Struktur. Zur genaueren Definition der Aromaten werden wir in ▶ Abschn. 4.3 kommen. Betrachten wir einmal die Reihe Cyclohexen – Cyclohexadien – ein hypothetisches *Cyclohexatrien*. Bei der Hydrierung der Doppelbindung von Cyclohexen werden $120 \, \text{kJ} \, \text{mol}^{-1}$ frei. Bei Cyclohexadien sind dies $230 \, \text{kJ} \, \text{mol}^{-1}$, was in etwa zweimal der Hydrierwärme des Cyclohexens entspricht. Bei einem hypothetisch angenommenen *Cyclohexatrien*, das drei Doppelbindungen aufweist, kommen wir durch die Hochrechnung aus den vorherigen Reaktionen zu einer hypothetischen Hydrierwärme von $330 \, \text{kJ} \, \text{mol}^{-1}$. In ◘ Abb. 4.1 werden diese Hydrierungen zu Cyclohexan gezeigt. Macht euch hierbei klar, dass die Bindungslängen nicht den realen entsprechen, sondern alle identisch eingezeichnet wurden. Generell müsste beispielsweise bei Cyclohexen die Doppelbindung im Verhältnis zu den Einfachbindung deutlich kürzer eingetragen sein. Gleiches gilt für Cyclohexadien und das hypothetische Cyclohexatrien.

Betrachten wir nun die Hydrierwärme des Benzols, erhalten wir einen Wert von $206 \, \text{kJ} \, \text{mol}^{-1}$ (◘ Abb. 4.2). Zum hypothetischen *Cyclohexatrien*, bei dem die drei Doppelbindungen lokalisiert sind, ergibt dies eine Differenz der Hydrierwärmen von $124 \, \text{kJ} \, \text{mol}^{-1}$. Dieser Wert entspricht der sog. **Resonanzenergie**, die ein Maß für die besondere Stabilität des Benzols im Vergleich zu aliphatischen Verbindungen ist.

> Bei *aliphatischen Verbindungen* handelt es sich um Verbindungen in der organischen Chemie, die aus Kohlenstoff- und Wasserstoffatomen zusammengesetzt sind, aber nicht aromatisch sind. Beispiele hierfür wären Methan, Ethan oder auch die oben aufgeführten Cyclohexan, Cyclohexen.

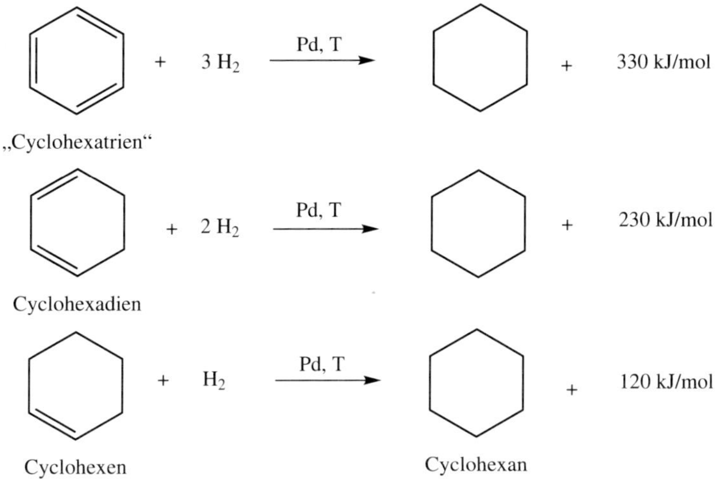

"Cyclohexatrien"

Cyclohexadien

Cyclohexen

Cyclohexan

□ **Abb. 4.1** Hydrierwärme von Cyclohexen, Cyclohexadien und Cyclohexatrien

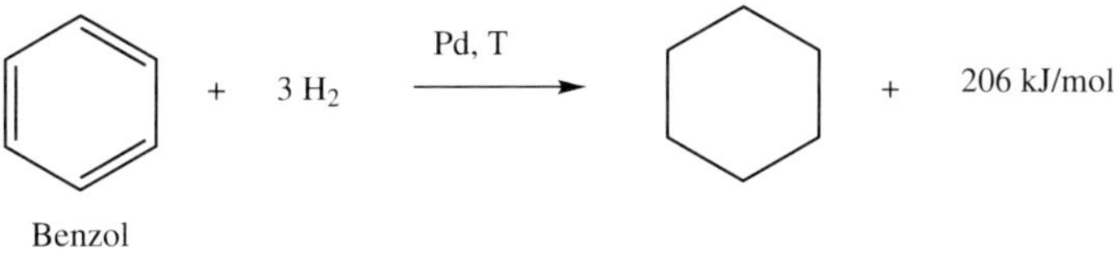

Benzol

□ **Abb. 4.2** Hydrierwärme des Benzols

Um sich die besondere Stabilität des Benzols noch besser erklären zu können, ist es auch von großem Nutzen, die **Molekülorbital-Theorie** (= MO-Theorie) zu Benzol näher zu betrachten. Mittels der MO-Theorie kann man zeigen, dass in Benzol alle C-Atome sp^2-hybridisiert sind. Bei der sp^2-Hybridisierung verbindet sich das s-Orbital mit zwei p-Orbitalen, wobei das übrige p-Orbital in seinem ursprünglichen Zustand bleibt. Jedes Kohlenstoffatom des Rings hat ein p-Orbital. Diese sechs p-Orbitale lassen sich sechsfach kombinieren, wodurch wiederum sechs Molekülorbitale entstehen. Das energieärmste entsteht durch Überlappung der p-Orbitallappen, welche sich alle in gleicher Phase befinden. Dieses bindende Orbital kann nun zwei der sechs Elektronen aufnehmen, wobei sich die restlichen vier Elektronen in den zwei energetisch leicht höher liegenden bindenden Molekülorbitalen befinden. Das Molekülorbital erstreckt sich über den gesamten Ring und bildet einen ringförmigen Orbitallappen über und unter dem Sechsring (□ Abb. 4.3).

Abb. 4.3 Benzoldarstellung mit den entsprechenden Orbitalen

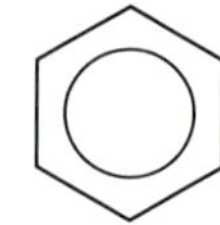

Abb. 4.4 Spezielle Darstellung des delokalisierten π-Elektronen-Systems

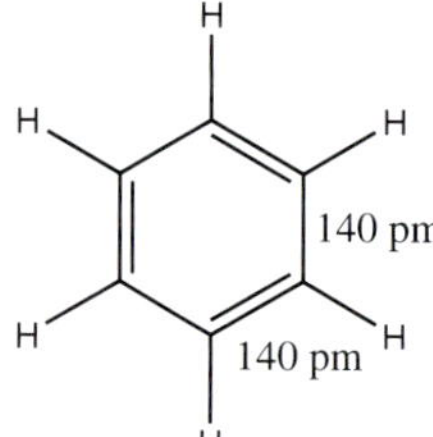

Abb. 4.5 Bindungslängen im Benzolmolekül

Wie ihr in **Abb. 4.3** erkennen könnt, befindet sich oberhalb und unterhalb des Kohlenstoffrings ein so genanntes **delokalisiertes π-Elektronen-System**, das maßgeblich für die herausragende Stabilität des Benzols verantwortlich ist. Um dies strukturell auszudrücken, ist es neben der Kékulé-Strukturformel auch möglich, einen Kreis in die betreffende Benzol-Einheit zu zeichnen. In **Abb. 4.4** ist dies nochmals verdeutlicht. Die Darstellung von Benzol wird im Exkurs: „Synthesemöglichkeiten für Benzol" aufgezeigt.

Untersucht man mittels einer Röntgenstrahlbeugung das Benzolmolekül, lässt sich der delokalisierte Charakter der drei Doppelbindungen zusätzlich bestätigen. Hier zeigt sich nämlich, dass die Bindungslängen innerhalb des Benzolmoleküls weder einer C–C-Einfach- (148 pm), noch einer C–C-Doppelbindung (134 pm) entsprechen. Die C–C-Bindungslänge im Benzol entspricht, wie in **Abb. 4.5** deutlich wird, in etwa 140 pm. Sie liegt damit fast genau zwischen der einer Einfach- und der einer Doppelbindung. Die C–C–C- und C–C–H-Bindungswinkel betragen jeweils 120°. Im Exkurs: „Historie: Was sind Aromaten?" erfährst du zudem mehr über die Geschichte der Aromaten, speziell des Benzols und dessen Valenzisomeren.

4.2 Vorkommen, Gewinnung und Verwendung der Aromaten

Historisch gesehen konnten kleine Mengen an Benzol aus Ölgas, das beim Betreiben von Gaslampen eingesetzt wurde, gewonnen werden. Nach dieser Methode ging 1825

Historie: Was sind Aromaten?

Der englische Wissenschaftler **Michael Faraday** (1791–1867) erhielt im Jahre 1824 durch die Pyrolyse von Walrat eine farblose Flüssigkeit, die mit der empirischen Formel „CH" identifiziert werden konnte. Unter einer Pyrolyse versteht man die thermochemische Spaltung einer organischen Verbindung bei sehr hohen Temperaturen. Hierbei kommt es zu einem Bindungsbruch innerhalb des Moleküls. Es war jedoch nicht möglich, diese Verbindung mit der Theorie, dass Kohlenstoffatome vier Valenzen zu anderen Atomen ausbilden müssen, in Einklang zu bringen. Auffällig waren besonders die Stabilität und die chemische Trägheit dieser Verbindung. Die noch namenlose Substanz wurde schließlich Benzin genannt. Nach elementaranalytischen Untersuchungen konnte **Eilhard Mitscherlich** (1794–1863) etwa zehn Jahre später Benzin die Summenformel C_6H_6 zuordnen. Erst später gab man der so charakteristischen, aromatischen Verbindung Benzin den jetzigen Namen **Benzol.** Nach der deutschen IUPAC Bezeichnung müsste man dem Benzol eigentlich den durchgängigen Namen **Benzen** geben.

Außer der Summenformel war jedoch die genaue strukturelle Aufklärung des Benzols noch nicht vollzogen, und im Laufe der Jahrzehnte gab es zahlreiche Wissenschaftler, die für sich beanspruchten, die richtige Strukturformel des Benzols gefunden zu haben. Hierbei sind eine Vielzahl von Strukturvorschlägen gemacht worden, die heutzutage auch synthetisch hergestellt werden können, der wahren Struktur des Benzols aber nicht entsprechen.

Von Natur aus besitzen aromatische Verbindungen einen charakteristischen aromatischen Geruch, der durchaus angenehm sein kann. Die chemische Bedeutung des Wortes Aromat hat sich bis heute sehr gewandelt und hat nichts mehr mit dem ehemaligen aromatischen Geruch zu tun. Heute bezieht sich der Begriff auf die strukturelle Gleichheit ähnlicher Stoffe und deren ausgesprochene Stabilität ▶ Abschn. 4.3.

Valenzisomere und hypothetische Strukturvorschläge für Benzol

Rund 30 Jahre nach der Entdeckung der aromatischen Verbindung Benzol wurden so beispielsweise von Kékulé (1859), Dewar (1876), Ladenburg (1879), Claus (1867) und später von Hückel mit dem Benzvalen (1937) zum Teil lediglich hypothetische Strukturvorschläge für das Benzol gemacht und auch tatsächlich existierende Valenzisomere. Hierbei handelt es sich beispielsweise beim Claus-Benzol nur um einen hypothetischen Strukturvorschlag. In der folgenden Abbildung ist eine Auswahl von Valenzisomeren des Benzols aufgeführt, es gibt jedoch noch zahlreiche weitere.

Historie: Was sind Aromaten? *(Fortsetzung)*

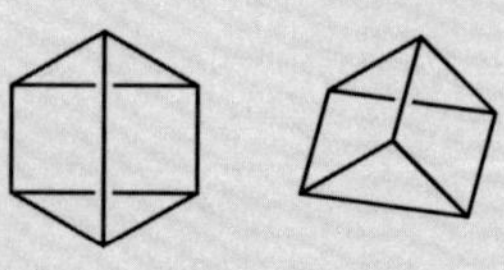

◻ **Eine Auswahl von Valenzisomeren des Benzols**

Kékulé fand 1859 eine Erklärung für den Widerspruch zwischen der potenziellen Struktur des Benzols und seiner nur sehr schwach ausgeprägten Reaktivität. Kékulé nahm an, dass die Doppelbindungen im Benzol sehr schnell ihre Position wechseln können. Dieses Phänomen bezeichnete er als **Oszillation** zwischen zwei verschiedenen Strukturen des Benzols.

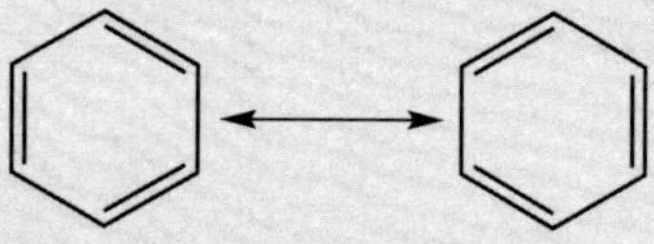

◻ **Oszillation des Benzols**

auch M. Faraday vor. E. Mitscherlich synthetisierte 1833 Benzol erstmals durch die Decarboxylierung von Benzoesäure. Gut 12 Jahre später gelang es A. W. Hofmann, Benzol aus dem sog. Steinkohleteer zu gewinnen. Dieses Verfahren wird heutzutage auch noch zum Teil eingesetzt.

Nach neuen Synthesemöglichkeiten wird Benzol beispielweise durch die **Reppe-Synthese** hergestellt, bei der Acetylen mittels eines Nickelkatalysators trimerisiert wird (◻ Abb. 4.6).

Großtechnisch gewinnt man Benzol überwiegend durch so genannte **Reforming-Verfahren**. Hierbei werden offenkettige Kohlenwasserstoffe durch katalytische Dehydrie-

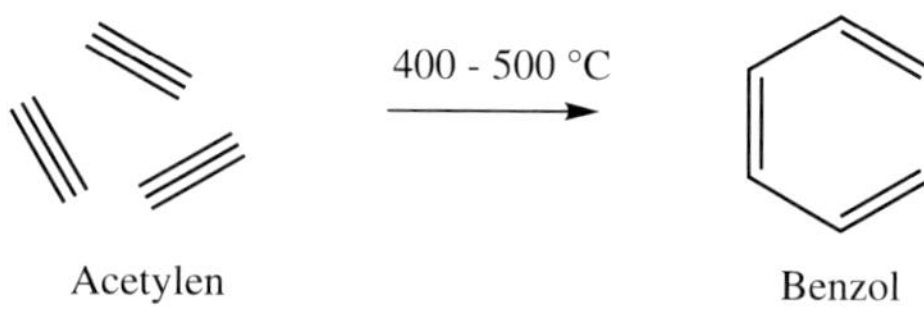

◻ **Abb. 4.6** Trimerisierung von Acetylen zu Benzol

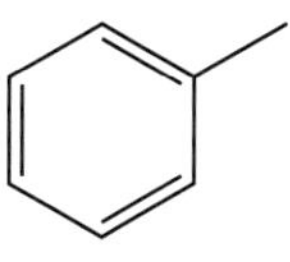

Toluol

◘ **Abb. 4.7** Toluol

rung in cyclische Kohlenwasserstoffe überführt und anschließend in Aromaten umgewandelt. Hierbei stellt Wasserstoff ein zentrales Nebenprodukt dar, das wiederum für andere Synthesen benötigt wird (z. B. für das Haber-Bosch-Verfahren). Benzol kann zudem durch die **Destillation von Rohöl** gewonnen werden. Hierbei wird überwiegend Toluol bei 500–600 °C dealkyliert, wodurch Benzol und Methan als Produkte entstehen.

Verwendung finden aromatische Verbindungen vor allem in synthetisch hergestellten Kautschukprodukten oder in Kunststoffen und Chemiefasern. Zudem werden sie als Lösungsmittel in Farben, Lacken und Klebstoffen eingesetzt.

> **Toluol**
> Toluol (Methylbenzol) ist eine farblose Flüssigkeit, die in ihren Eigenschaften dem Benzol sehr ähnlich ist (◘ Abb. 4.7).

4.3 Kriterien für Aromatizität

Um entscheiden zu können, ob wir eine aromatische Verbindung vor uns haben, gibt es insgesamt vier Kriterien, nach denen wir uns richten müssen:
1. Es muss ein geschlossenes **Ringsystem** vorhanden sein.
2. Das Ringsystem muss **planar** sein, d. h. in einer Ebene liegen.
3. Es muss ein durchkonjugiertes **π-Elektronen-System** vorhanden sein, d. h. die Kohlenstoffatome müssen entweder sp- oder sp^2-hybridisiert sein.
4. Die **Hückel-Regel** muss erfüllt sein, d. h. im gesamten Ringsystem müssen $(4n + 2)$ π-Elektronen vorhanden sein.

> **Durchkonjugiertes π-Elektronen-System**
> Wenn ein Molekül durchkonjugiert ist, weist es immer abwechselnd Doppel- und Einfachbindungen auf.

Betrachten wir die von Hückel aufgestellte Regel für das Beispiel des Benzols, wird deutlich, dass wir $n = 1$ setzen können und Benzol die Hückel-Regel damit erfüllt. Benzol hat demnach sechs π-Elektronen. Für n können positive, ganzzahlige Zahlen ab der Zahl 0 eingesetzt werden.

Erfüllt eine Verbindung alle oben aufgeführten Kriterien, dann handelt es sich um einen Aromaten. Aromaten sind also planare Kohlenstoffverbindungen mit 2, 6, 10, 14, 18 (usw.) π-Elektronen im Ring. Sie weisen durch ihre Mesomeriestabilisierung besondere Eigenschaften auf. Die Untersuchung der Aromatizität mittels ^{1}H-NMR-Spektroskopie ist im Exkurs: „Benzol und die Betrachtung mit ^{1}H-NMR-Spektroskopie" beschrieben.

❷ Aufgabe 1

Bei welchen der folgenden Moleküle haben wir einen Aromaten vorliegen? Begründe jeweils deine Entscheidung mithilfe der vier Kriterien.

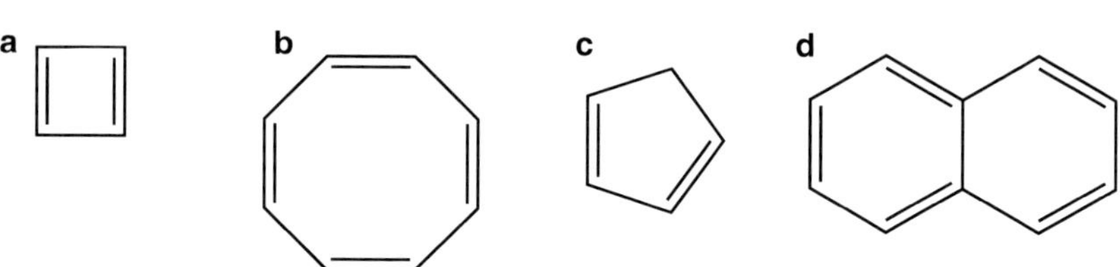

Nun gibt es auch aromatische Verbindungen, bei denen man nicht gleich davon ausgehen würde, dass es sich um eine aromatische Verbindung handelt. Hier sind zum einen das **Cyclopropenylkation** und das **Cyclopentadienylanion** zu erwähnen (◘ Abb. 4.8). Beide Verbindungen sind geladene Moleküle, die aromatisch sind.

Für das Cyclopentadienylanion ist mit sechs π-Elektronen die Hückel-Regel für $n = 1$ erfüllt. Gleichzeitig ist diese Verbindung ein Ringsystem und planar. Durch das freie Elektronenpaar ist die Verbindung zudem cyclisch durchkonjugiert. Ebenso stellt das Cyclopropenylkation einen Aromaten dar. Hier ist die Hückel-Regel mit zwei π-Elektronen, die über den Ring delokalisiert sind, für $n = 0$ erfüllt. Auch hier treffen alle anderen Kriterien der Aromatizität zu. Im Weiteren wollen wir nun Verbindungen betrachten, die mit $(4n + 2)$ π-Elektronen die Hückel-Regel nicht erfüllen, aber alle anderen Kriterien. Bei diesen Verbindungen spricht man von **Antiaromaten.** Im kurzen Exkurs: „Benzol und die Betrachtung mit ^{1}H-NMR-Spektroskopie" wirst du zudem erfahren, wie das ^{1}H-NMR-Spektrum der Aromaten aussieht und welche Besonderheiten hier zu merken sind.

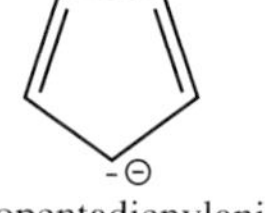

Cyclopentadienylanion

Cyclopropenylkation

◘ **Abb. 4.8** Geladene aromatische Verbindungen

Benzol und die Betrachtung mit ^{1}H-NMR-Spektroskopie

Betrachtet man cyclische Verbindungen in einer Protonen-Kernspinresonanzspektroskopie (^{1}H-NMR-Spektroskopie), kann es zu zwei Effekten kommen. Zum einen tritt eine sog. **Abschirmung**, zum anderen eine **Entschirmung** der Kerne auf. Bei aromatischen Verbindungen, wie dem Benzol, kommt es zu einer Entschirmung der Kerne, da ausschließlich äußere Ringprotonen vorhanden sind und das effektiv wirkende Magnetfeld durch den Ringstromeffekt im aromatischen Ringsystem verstärkt wird. Die Abschirmung des Kerns ist demnach gering und wir haben eine **Tieffeldverschiebung** im NMR-Spektrum, d. h. die Resonanzsignale erscheinen bei chemischen Verschiebungen von z.T. über 7 ppm.

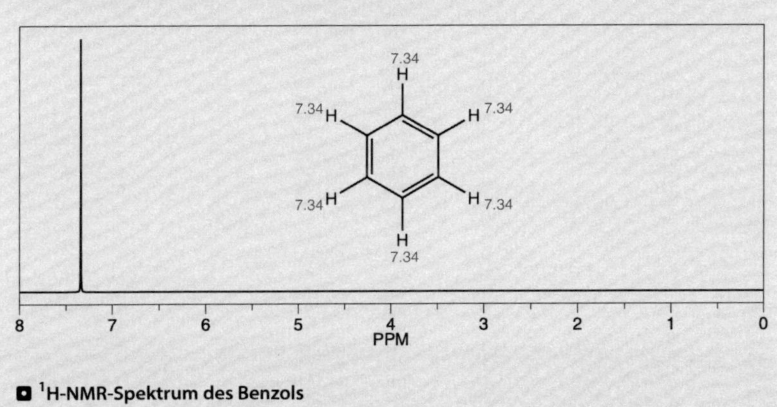

◘ ^{1}H-NMR-Spektrum des Benzols

4.3.1　Aromaten, Antiaromaten und Nichtaromaten

Neben der Molekülklasse der Aromaten gibt es zudem die Unterscheidungsmöglichkeit in Antiaromaten und Nichtaromaten. Bei den **Antiaromaten** handelt es sich um Moleküle, die einen besonders instabilen, also reaktionsfreudigen Charakter aufweisen und so den Aromaten genau konträr entgegenstehen. Sie erfüllen wie die Aromaten die Kriterien 1–3 der Aromatizität, sie sind also cyclische, durchkonjugierte π-Elektronen-Systeme und planar. Nun erfüllen sie aber nicht die Hückel-Regel von $(4n + 2)$ π-Elektronen, sondern haben lediglich **($4n$) π-Elektronen.** Ein charakteristischer Vertreter der Antiaromaten ist Cyclobutadien, das 4 π-Elektronen ($n = 1$) aufweist (◘ Abb. 4.9). Alle anderen organischen Verbindungen, die weder aromatisch

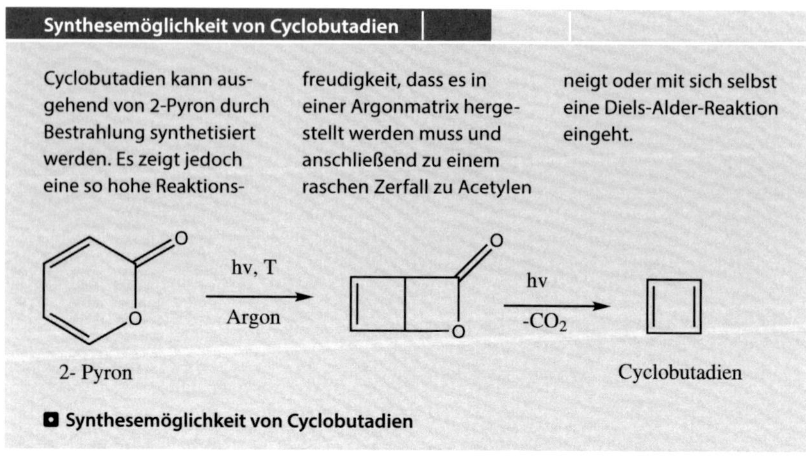

Synthesemöglichkeit von Cyclobutadien

Cyclobutadien kann ausgehend von 2-Pyron durch Bestrahlung synthetisiert werden. Es zeigt jedoch eine so hohe Reaktionsfreudigkeit, dass es in einer Argonmatrix hergestellt werden muss und anschließend zu einem raschen Zerfall zu Acetylen neigt oder mit sich selbst eine Diels-Alder-Reaktion eingeht.

2- Pyron

Cyclobutadien

◘ **Synthesemöglichkeit von Cyclobutadien**

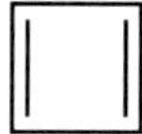

◘ **Abb. 4.9** Cyclobutadien

noch antiaromatisch sind, kann man unter dem Begriff der **Nichtaromaten** davon abgrenzen.

Betrachten wir nun die **Stabilität** der Aromaten, Antiaromaten und Nichtaromaten, so lässt sich eindeutig festhalten, dass die Aromaten den stabilsten bzw. reaktionsträgsten und die Antiaromaten den instabilsten bzw. reaktionsfreudigsten Charakter aufweisen. Die nichtaromatischen Verbindungen liegen mit ihren jeweiligen Eigenschaften zwischen denen der Aromaten und der Nichtaromaten. Mithilfe des **Frost-Zirkels**, mit dem die bindenden, nichtbindenden und antibindenden Molekülorbitale des jeweiligen Systems näher betrachtet werden, lässt sich dieser Sachverhalt noch besser verstehen. Die verfügbaren π-Elektronen werden hierbei von unten her so aufgefüllt, dass zunächst die energieärmeren, also die unteren Balken, mit maximal zwei Elektronen besetzt werden. Benzol beispielsweise füllt mit seinen sechs π-Elektronen die drei bindenden Molekülorbitale, sodass kein Elektron in energiereichere (destabilisierende) Orbitale verschoben werden muss.

Wie in ◘ Abb. 4.10 zu erkennen ist, weist Benzol sechs Elektronen in drei bindenden Molekülorbitalen auf. Für die Auftragung wird jeweils eine der Ecken des Moleküls nach unten hin ausgerichtet und das Molekül durch einen gedachten Schnitt quer durch die Molekülhälfte in bindende, nichtbindende und antibindende Molekülorbitale aufgeteilt. Cyclobutadien weist neben zwei Elektronen im bindenden Molekülorbital auch zwei Elektronen im nichtbindenden Molekülorbital auf und besitzt

---

Benzolderivate als medizinische Wirkstoffe

Wie bereits ganz zu Beginn des Kapitels erwähnt, spielen einige Benzolderivate auch eine wesentliche Rolle in der Pharmazie. So enthält eine Vielzahl von Schmerzmitteln und Entzündungshemmern den Benzolring. Als drei Beispiele wollen wir hier **Paracetamol** (= Para(acetylamino)phenol), **Ibuprofen** (= 4-Isobutylphenylpropionsäure) und **Aspirin** (= Acetylsalicylsäure) vorstellen.

Paracetamol   Aspirin   Ibuprofen

◘ **Medikamente mit Benzol-Bausteinen**

---

demnach eine deutlich verminderte Stabilität. Im Exkurs: „Synthesemöglichkeit von Cyclobutadien" erfährst du, wie man Cyclobutadien herstellen kann, und im Exkurs: „Benzolderivate als medizinische Wirkstoffe", welche Benzolderivate in der Medizin eingesetzt werden.

antibindend

bindend

antibindend

nicht bindend

bindend

Benzol   Cyclobutadien

◘ **Abb. 4.10** Frost-Zirkel für Benzol (links) und Cyclobutadien (rechts)

Aufgabe 2

Welche von diesen Verbindungen sind aromatisch, antiaromatisch oder nichtaromatisch? Begründe deine Antwort jeweils mit den Kriterien für die Aromatizität.

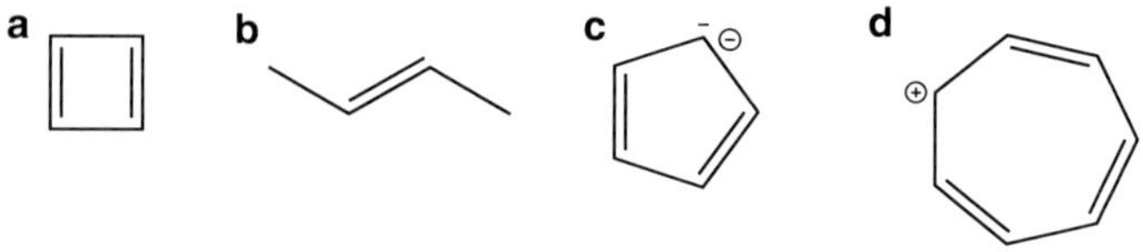

4.3.2 Pseudo- oder Quasiaromaten

Der Begriff der Aromatizität betrifft nicht nur die organische Chemie, sondern aromatische Systeme lassen sich auch in der anorganischen Chemie finden und nennen sich dann Pseudo- oder Quasiaromaten. Hier kommen die aromatischen Systeme ohne das Element Kohlenstoff aus und bedienen sich in einem der bekanntesten Beispiele des Elements Schwefel. Das S_4^{2+}-Kation ist ein typischer Vertreter eines Pseudoaromaten mit sechs delokalisierten π-Elektronen (Abb. 4.11). Formal gesehen erfüllt es die Hückel-Regel, fällt aber unter die anorganische Chemie.

4.4 Aromatische Heterocyclen

Aromatische Heterocyclen sind generell cyclische Verbindungen, die aus mindestens zwei verschiedenen Elementen bestehen. Neben dem Kohlenstoffatom ist dies in den meisten Fällen Stickstoff, Schwefel oder Sauerstoff. Die Fremdatome werden als Heteroatome bezeichnet und haben einen direkten Einfluss auf die Aromatizität und somit auch auf die Reaktivität. Aromatische Heterocyclen bezeichnet man kurz auch als **Heteroaromaten**. Einige Beispiele sind in Abb. 4.12 aufgeführt. Insbesondere in der DNA und in den Cytochromen spielen Heteroaromaten eine entscheidende Rolle. Der Grund, warum es sich gerade um diese Atome, wie Schwefel oder Sauerstoff handelt, liegt darin, dass sich deren freie Elektronenpaare am gesamten delokalisierten π-Elektronensystem beteiligen können.

Betrachten wir die fünfgliedrigen Heteroaromaten der ersten Reihe in Abb. 4.12, so ist die Aromatizität ausgehend von Pyrrol über Thiophen bis hin zu Furan immer

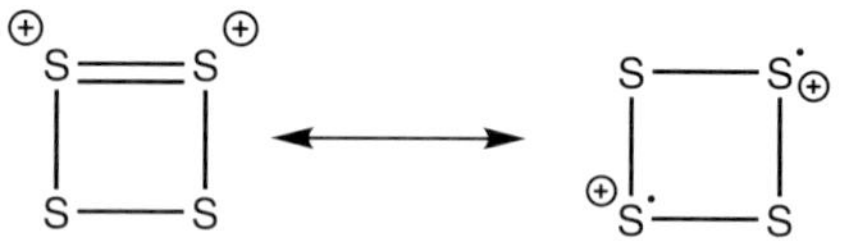

Abb. 4.11 Beispiel für einen Pseudoaromaten

Abb. 4.12 Beispiele für Hetero-aromaten

weniger ausgeprägt. Furan selbst besitzt eine so geringe Aromatizität, dass es selbst Diels-Alder-Reaktionen eingeht, was für Aromaten eher ungewöhnlich ist, da es hierbei zu einem Verlust an Stabilisierungsenergie kommt. Der Grund der geringer ausgeprägten Aromatizität liegt in der unterschiedlichen Elektronegativität der Heteroatome. Stickstoff hat eine deutlich geringere Elektronegativität als beispielsweise Sauerstoff und zieht die Elektronendichte deutlich weniger aus dem Ring heraus. Sauerstoff übt mit der zweithöchsten Elektronegativität überhaupt einen starken Zug auf die Elektronen des delokalisierten π-Elektronensystems aus und schwächt damit die aromatischen Eigenschaften erheblich. Bei den sechsgliedrigen Heteroaromaten ist ein ähnlicher Trend zu erkennen, der sich aber weitaus weniger stark auf das gesamte Ringsystem auswirkt, da dieses einfach größer ist und weniger unter dem Einfluss des Heteroatoms steht. Ein praktisches Beispiel für das Vorkommen von Heteroaromaten findet sich in unserem Körper in Form der Nucleobasen, wie im Exkurs: „DNA-Basen" näher erläutert wird.

4.5 Nomenklatur von monosubstituierten Aromaten

Man spricht von monosubstituierten Aromaten, wenn an dem Aromaten ein einziger weiterer Substituent gebunden ist. Neben der regelkonformen Nomenklatur der monosubstituierten Aromaten gibt es eine Reihe von aromatischen Verbindungen, die sich durch Trivialnamen auszeichnen. In **Abb. 4.13** ist eine kleine Auswahl der wichtigsten aromatischen Benzolderivate mit einem Substituenten zusammengestellt.

> Auch **Benzaldehyd** und **Anisol** (**Abb. 4.14**) fallen unter die monosubstituierten Benzolderivate. Sie zeichnen sich beide durch einen sehr charakteristischen Geruch aus: Benzaldehyd riecht angenehm nach Bittermandeln, und Anisol, wie es bereits im Namen steckt, hat einen charakteristischen Geruch, den man beispielsweise in Sternanis findet. Anisol spielt aber nicht nur bei den synthetisch hergestellten oder natürlichen Riechstoffen eine wichtige Rolle, sondern auch im Arzneimittelbereich.

DNA-Basen

Bei den Nucleobasen der DNA (= Desoxyribonucleinsäure) handelt es sich zum Teil um aromatische Heterocyclen, die maßgeblich für die α-Helix-Struktur der DNA verantwortlich sind. Als Purinbasen kommen Adenin und Guanin vor und als Pyrimidinbasen Cytosin und Thymin bzw. Uracil in der RNA (= Ribonucleinsäure).

Adenin

Guanin

Cytosin

Thymin

Uracil

◘ Nucleobasen

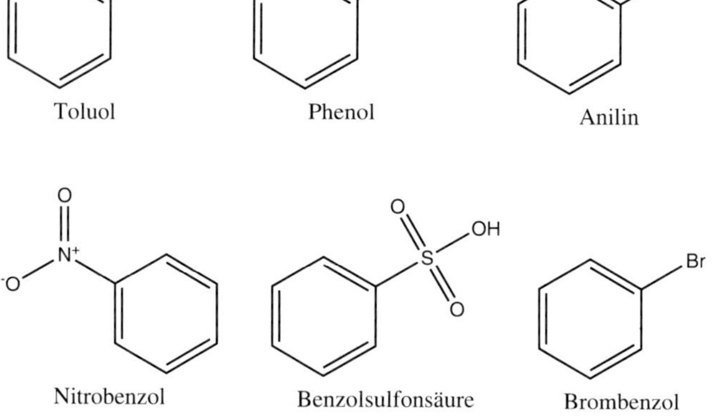

Toluol

Phenol

Anilin

Nitrobenzol

Benzolsulfonsäure

Brombenzol

◘ **Abb. 4.13** Monosubstiuierte Benzole

⬛ Abb. 4.14 Benzolderivate mit einem angenehmen Geruch

Anisol   Benzaldehyd

Neben den Benzolderivaten gibt es noch zahlreiche weitere aromatische Systeme, die substituiert werden können. Darunter fallen die annelierten bzw. kondensierten Aromaten, die aus mehr als einem Ringsystem bestehen, aber natürlich auch an charakteristischen Stellen substituiert werden können.

4.6 Nomenklatur di- und polysubstituierter Aromaten

Die Einführung eines zweiten oder auch eines dritten Substituenten ist gerade an Benzol sehr gut möglich. Sie führt zu zahlreichen Verbindungen, die durch Trivialnamen gekennzeichnet sind. Beachten müssen wir hierbei, dass eine Zweit- oder Drittsubstitution an Benzol in verschiedenen Positionen möglich ist, die als *ortho-*, *meta-* und *para-* bezeichnet werden können. In ⬛ Abb. 4.15 werden am Beispiel des Chlorbenzols die verschiedenen Positionen einer Substitution erkennbar. Die ortho-Position beschreibt demnach die Position, die in direkter Nachbarschaft zum Erstsubstituenten, die meta-Position, die an zweiter Stelle zum Erstsubstituenten steht. Bei der para-Position handelt es sich um die Position, die drei Positionen vom Erstsubstituenten entfernt ist.

Bei der Nomenklatur polysubstituierter Aromaten können wir ganz schematisch mittels dieser Kennungen die Aromaten benennen. So sind in ⬛ Abb. 4.16 einige Beispiele aufgeführt, anhand derer du das Nomenklaturschema schnell verinnerlichen kannst. Neben der Nomenklatur mittels der Bezeichnungen *ortho-* (1,2-), *meta-* (1,3-) und *para-* (1,4-) ist es auch möglich, die Substituenten mittels einer festgelegten Nummerierung zu benennen. Hierbei werden die Substituenten nach dem Alphabet durchnummeriert, und zwar so, dass alle Substituenten eine möglichst kleine Zahl erhalten. Befinden sich an einem Ring drei verschiedene Substituenten, dann müssen auch hier alle Substituenten nach dem Alphabet

⬛ Abb. 4.15 ortho-, meta- und para-Position an Chlorbenzol

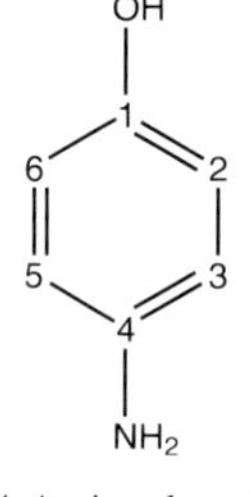

1-Brom-2,3-dimethylbenzol

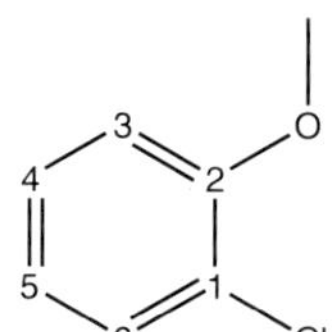

1-Brom-3-fluor-2-isopropylbenzol

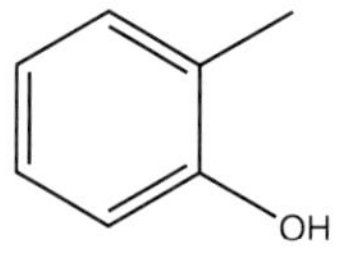

4-Aminophenol
oder
para-Aminophenol

1-Chlor-3-methylbenzol
oder
metha-Chlortoluol

1-Chlor-2-methoxybenzol
oder
ortho-Chloranisol

◘ Abb. 4.16 Nomenklatur der Aromaten

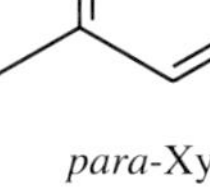

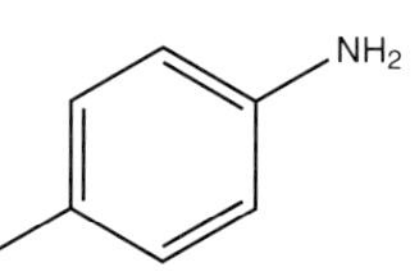

ortho-Kresol

para-Xylol

para-Toluidin

◘ Abb. 4.17 Auswahl an Trivialnamen der Benzolderivate

durchnummeriert werden. Zusätzlich wird durch die Verwendung von Präfixen, wie mono-, di- oder auch tri-, die Anzahl gleicher Substituenten gekennzeichnet. Bei dem Beispiel **4-Aminophenol** ist es zusätzlich wichtig zu wissen, dass hier der Hydroxy-Substituent (–OH) die Nummer 1 erhält, obwohl die Aminogruppe (–NH$_2$) im Alphabet weiter vorne steht. Denkbar wäre auch der wenig gebräuchliche Begriff 4-Hydroxyanilin.

Neben dieser schematischen Benennung, wie man sie beispielsweise auch bei der Nomenklatur der Alkane findet, gibt es nun in ◘ Abb. 4.17 eine Auswahl der wichtigsten Verbindungen, die durch einen Trivialnamen eindeutig charakterisiert sind. Auch hier findet die Bezeichnung mit *ortho-*, *meta-* und *para-* eine Verwendung, wenn es darum geht, zu kennzeichnen, an welcher Position die Substituenten hängen.

❷ Aufgabe 3

Wie heißen die unten abgebildeten aromatischen Verbindungen?

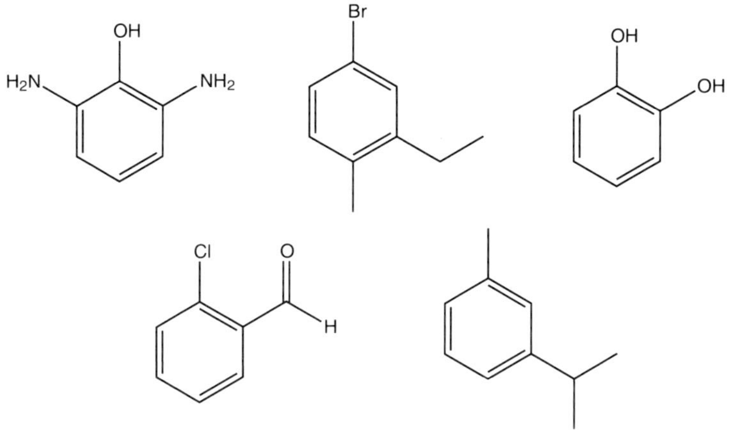

4.7 Typische Reaktionen der Aromaten

Die typische Reaktion aromatischer Verbindungen ist die **elektrophile aromatische Substitution (S_{EAr})**. Durch die Substitution – im Gegensatz zur Addition – bleibt der aromatische Charakter der aromatischen Verbindung erhalten. Betrachten wir die elektrophile aromatische Substitution am Beispiel des Benzols, so erkennen wir, dass das Benzol, als beispielhafter Vertreter der Aromaten, als nucleophil (Nu^-) zu betrachten ist, das an dem elektrophilen Teilchen (Y^+) angreift. Unter die elektrophile aromatische Substitution fallen beispielsweise die Halogenierung von Aromaten, die Nitrierung, Sulfonierung, die Friedel-Crafts-Alkylierung und die Friedel-Crafts-Acylierung. Wenn du einmal den allgemeinen Mechanismus der elektrophilen aromatischen Substitution verstanden hast, dann sind die einzelnen Reaktionen einfach zu merken, da sie alle nach dem ähnlichen Mechanismus ablaufen. In der ❑ Abb. 4.18 siehst du die elektrophile aromatische Substitution an einem allgemein gewählten Beispiel.

▪ Substituenteneffekt

Findet eine elektrophile aromatische Substitution an einer aromatischen Verbindung statt, an der bereits ein Substitutent hängt, so wird der zweite oder auch dritte Substitution je nach Erstsubstituent in eine ganz spezifische Stellung am Aromaten dirigiert. Die spezifisch möglichen Stellungen kamen bereits in ▶ Abschn. 4.6 vor. Zur kurzen Wiederholung: Es handelt sich hierbei um die ortho-, meta- oder para-Stellung. Insge-

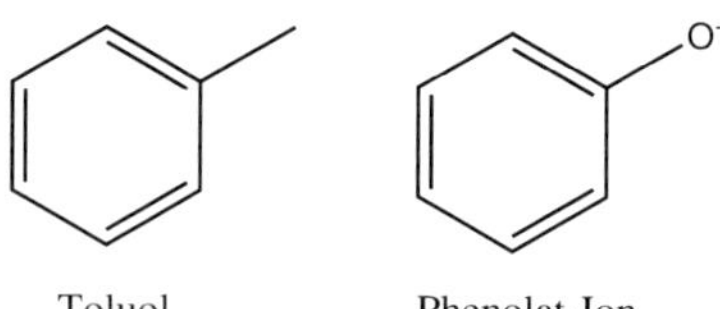

Abb. 4.18 Allgemeiner Mechanismus der elektrophilen aromatischen Substitution

+I-Effekt

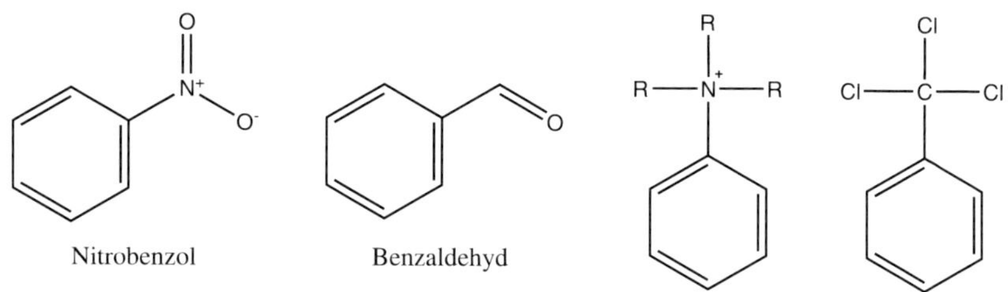

Toluol   Phenolat-Ion

-I-Effekt

Nitrobenzol   Benzaldehyd

Abb. 4.19 Substituenten mit einem +I und −I-Effekt

samt gibt es vier verschiedene Effekte, die wir im Folgenden näher betrachten werden. Zum einen gibt es den **induktiven Effekt**, der als **+I- oder −I-Effekt** auftreten kann.

Beim +I-Effekt handelt es sich um einen elektronenliefernden induktiven Effekt, der das gesamte Ringsystem stabilisiert und somit zu einer bevorzugten ortho- und para-Substitution führt. Beispiele für Erstsubstituenten, die einen +I-Effekt ausüben, sind beispielweise Alkylgruppen oder auch das negativ geladene Sauerstoffatom im Phenolation. In ◘ Abb. 4.19 siehst du eine generelle Übersicht über Substituenten mit einem +I oder −I-Effekt. Beim −I-Effekt handelt es sich um den gegenteiligen Effekt zum +I-Effekt, hierbei übt der Erstsubstituent einen elektronenziehenden induktiven Effekt auf das Ringsystem aus, destabilisiert dieses und führt vorwiegend zu einer meta-Position des Zweitsubstituenten. Generell lässt sich hier sagen, dass ein −I-Effekt vorliegt, wenn sich eine positive Partialladung am Bindungsatom direkt am aromatischen Ringsystem befindet. Dies ist beispielsweise bei der R_3N^+- oder der SO_3H-Gruppe der Fall.

Neben dem induktiven Effekt gibt es auch den **mesomeren Effekt**, der als **+M oder −M-Effekt** auftreten kann. Beim +M-Effekt wird vom Erstsubstituenten ein elektronenliefernder mesomerer Effekt auf das Ringsystem ausgeübt, was aktivierend wirkt. Der Erstsubstituent fungiert hierbei als π-Elektronendonor und führt wie beim +I-Effekt zu einer bevorzugten ortho-/para-Direktion. Hierunter fallen beispielsweise Substituenten wie die Aminogruppe oder auch die Methoxygruppe. Substituenten mit einem −M-Effekt führen zu einem elektronenziehenden mesomeren Effekt, der sich wie der −I-Effekt desaktivierend auf den Ring auswirkt, da Elektronendichte aus dem Ringsystem abgeführt wird. Dies führt zu einer bevorzugten meta-Direktion für den Zweit- oder auch Drittsubstituenten. Substituenten mit einem −M-Effekt sind z. B. die Nitrogruppe oder auch die Carbonylgruppe. In ◘ Abb. 4.20 findest du eine kleine Auswahl an Substituenten mit einem +M oder −M-Effekt.

+M-Effekt

Anilin

Methoxybenzol

-M-Effekt

Nitrobenzol

Benzaldehyd

◘ **Abb. 4.20** Substituenten mit einem +M und −M-Effekt

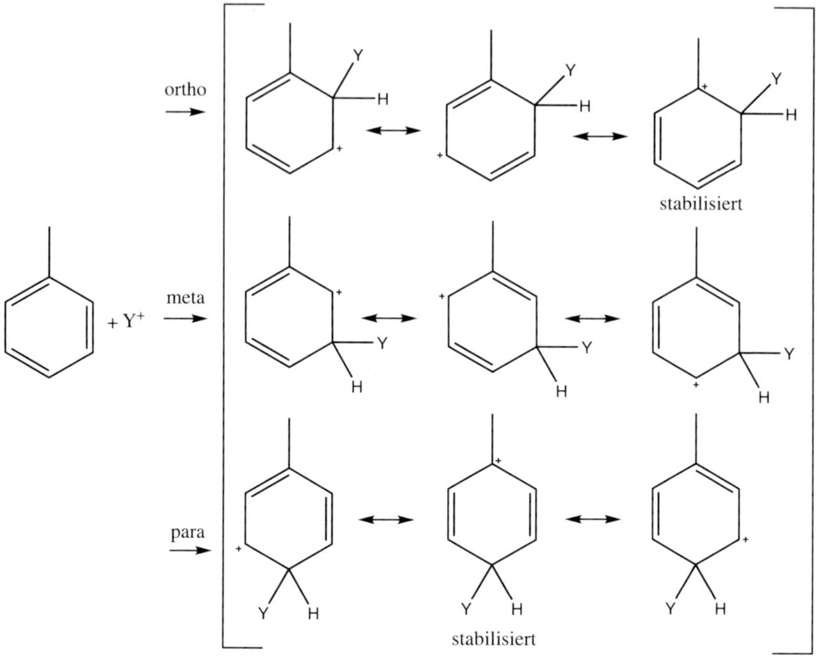

ortho

stabilisiert

meta

+ Y⁺

para

stabilisiert

◻ Abb. 4.21 Zweitsubstitution an Toluol

Generell kannst du dir als Hilfe Folgendes merken, um möglichst schnell zu wissen, wohin ein bestimmter Erstsubstituent dirigiert: Alle Erstsubstituenten, die **ortho-** und **para-dirigieren**, weisen mindestens ein freies Elektronenpaar an dem Atom auf, das direkt an den Ring gebunden ist, plus die Alkyl- und Arylgruppen. Alle Erstsubstituenten, die **meta-dirigieren** weisen eine positive elektrische Ladung oder Teilladung an dem Atom auf, das direkt an den Ring gebunden ist. Diese Regel ermöglicht es dir, relativ schnell entscheiden zu können, wohin dein bereits vorhandener Substituent dirigiert. In ◻ Abb. 4.21 siehst du zudem am Beispiel des Toluols, warum es bei einer Zweitsubstitution dazu kommt, dass diese bevorzugt in eine ortho- und para-Stellung zum Erstsubstituenten geht. Wenn du dich an die elektrophile aromatische Substitution erinnerst, dann müsstest du dich daran erinnern, dass es im zweiten Schritt zu einer positiven Ladung im Ringsystem kommt, die stabilisiert werden muss. Dadurch, dass die Alkylgruppe einen +I-Effekt auf den Ring auswirkt, kann die positive Ladung in ortho- und para-Stellung besonders effektiv stabilisiert werden, was in der meta-Stellung nicht der Fall ist.

4.8 Kondensierte Aromaten

Bei den kondensierten oder auch annelierten Aromaten handelt es sich um **polycyclische aromatische Kohlenwasserstoffe** (PAK), die aus mehreren aromatischen Ringsystemen bestehen. Diese können sowohl linear aneinander kondensieren als auch nichtlinear. Beispiele für lineare kondensierte Aromaten wären z. B. Naphthalin (nach IUPAC: Naphthalen), Anthracen oder auch Tetracen. Unter die nichtlinearen kondensierten Aromaten fallen u. a. Phenanthren oder auch Chrysen und Pyren. In ◘ Abb. 4.22 wird zudem deutlich, dass es sich bei Phenanthren und Anthracen um isomere Verbindungen handelt, die beide drei kondensierte aromatische Ringsysteme enthalten, aber Konstitutionsisomere sind. Konstitutionsisomere weisen generell die gleiche Summenformel, aber nicht die gleiche Strukturformel auf.

Insgesamt sind an die 280 kondensierte aromatische Verbindungen bekannt, von denen alle eine unterschiedliche Stabilität und demnach ein unterschiedliches Reaktionsverhalten besitzen.

▪ Verwendung kondensierter Aromaten

Für die polycyclischen aromatischen Kohlenwasserstoffe gibt es vielseitige Einsatzmöglichkeiten in zahlreichen Branchen. So werden Derivate des Naphthalins beispielsweise

Naphthalen   **Anthracen**   **Phenanthren**

Chrysen   **Pyren**

◘ **Abb. 4.22** Kondensierte Aromaten

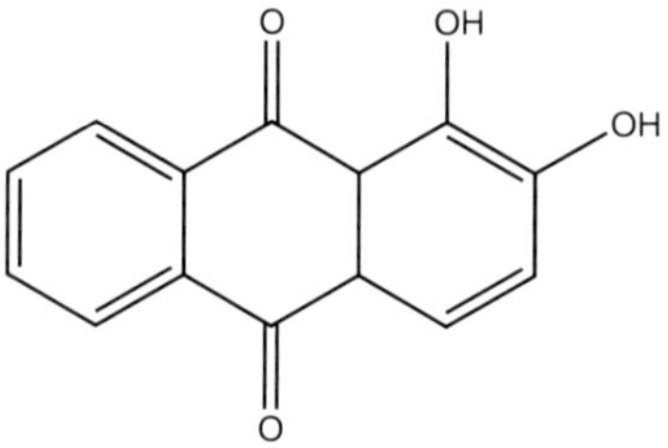

◘ Abb. 4.23 Alizarin-Farbstoff

in Arzneistoffen eingesetzt, und viele Farbstoffe bestehen aus Naphthalin- oder auch Anthracen-Grundeinheiten. Zum Beispiel zählt Alizarin zu den Anthracen-Farbstoffen und besitzt dessen Grundstruktur (◘ Abb. 4.23).

✔ Lösungen zu den Aufgaben

Lösung 1
Antwort D (Naphthalin)

Lösung 2
A: Antiaromat, B: nichtaromatisch, C: Aromat, D: Aromat

Lösung 3
Siehe Abbildung.

2,6-Diaminophenol   1-Brom-3-ethyl-4-methylbenzol   Catechol

2-Chlorobenzaldehyd   *meta*-Methylcumol

Weiterführende Literatur

Breitmaier E, Jung G (2012) Organische Chemie. Thieme, Stuttgart
Clayden J, Greeves N, Warren S (2013) Organische Chemie. Springer, Wiesbaden
Latscha HP, Klein HA (2008) Chemie Basiswissen II – Organische Chemie. Springer, Berlin Heidelberg
Vollhardt KPC, Schore NE (2011) Organische Chemie. Wiley-VCH, Weinheim

Halogenalkane

Stefanie Federle, Stefanie Hergesell, Sebastian Schubert

© Springer-Verlag GmbH Deutschland 2017
S. Federle, S. Hergesell, S. Schubert, *Die Stoffklassen der organischen Chemie*,
https://doi.org/10.1007/978-3-662-54968-1_5

Halogenalkane sind Alkane, die ein oder mehrere Halogenatome (F, Cl, Br, I) tragen. Sie dienen als Ausgangsstoffe für viele Synthesen, da sie über nucleophile Substitutionen und Eliminierungen in eine Vielzahl anderer Verbindungen umgewandelt werden können. Die Herstellung der Halogenalkane erfolgt typischerweise über die radikalische Substitution von Alkanen, über Addition an C–C-Doppelbindungen oder aus Alkoholen.

5.1   Allgemeines und Definition

❯ Halogenalkane sind Kohlenwasserstoffe, bei denen ein oder mehrere H-Atome durch Halogenatome ersetzt sind. Als funktionelle Gruppe werden die Halogene mit X bezeichnet, sodass Halogenalkane mit R–X (X = F, Cl, Br oder I) abgekürzt werden.

Es kann zwischen primären, sekundären und tertiären Halogenalkanen unterschieden werden (■ Abb. 5.1). Bei den primären Halogenalkanen trägt das Kohlenstoffatom, an dem das Halogen sitzt, nur noch eine weitere Alkylkette. Bei sekundären Halogenalkanen sind am C-Atom entsprechend zwei und bei tertiären drei Alkylketten gebunden.

5.2   Physikalische und chemische Eigenschaften der Halogenalkane

Die C–X-Bindung ist eine polare Bindung (■ Abb. 5.2). Dies liegt zum einen daran, dass Fluor-, Chlor- und Bromatome eine signifikant höhere Elektronegativität haben als Kohlenstoffatome und somit die Bindungselektronen zu sich her ziehen. Außerdem können vor allem Brom und Iod die negative Teilladung gut stabilisieren, da diese, aufgrund der Größe der Atome, gut über die gesamte Elektronenwolke verteilt werden kann.

Die Halogenatome ziehen das Bindungselektronenpaar näher zu sich, sodass am Halogen eine negative Partialladung (δ^-) entsteht. Das Halogenatom kann somit von Kationen und Elektrophilen (Elektronenpaarakzeptoren, z. B. H^+, CH_2^+, BH_3) angegriffen werden. Am Kohlenstoffatom entsteht entsprechend eine positive Partialladung (δ^+), sodass hier ein Angriff von Anionen und Nucleophilen (Elektronenpaardonoren, z. B. OH^-, RO^-, Cl^-, CN^-, NR_3, PR_3, ROH, H_2O) erfolgen kann.

Außerdem ziehen sich die positiven und negativen Partialladungen der Moleküle untereinander an, wodurch zwischenmolekulare Dipol-Dipol-Wechselwirkungen entstehen. Durch diese Wechselwirkungen haben die Halogenalkane höhere Siedepunkte als die entsprechenden Alkane. Auch mit zunehmender Größe von X (in der Reihe von F über Cl über Br zu I) steigen die Siedepunkte der vergleichbaren Halogenalkane, da wegen zunehmender Größe und abnehmender Elektronegativität die Polarisierbarkeit der Halogenatome steigt. Die bessere Polarisierbarkeit führt zu besseren Van-der-Waals-Kräften und dadurch zu höheren Siedepunkten.

❑ Abb. 5.1 Einteilung der Halogenalkane

$$\underset{\text{primär}}{\overset{\displaystyle H}{\underset{\displaystyle R}{H-\overset{|}{\underset{|}{C}}-X}}} \qquad \underset{\text{sekundär}}{\overset{\displaystyle H}{\underset{\displaystyle R}{R'-\overset{|}{\underset{|}{C}}-X}}} \qquad \underset{\text{tertiär}}{\overset{\displaystyle R''}{\underset{\displaystyle R}{R'-\overset{|}{\underset{|}{C}}-X}}}$$

❑ Abb. 5.2 Polare C–X-Bindung mit mesomerer Grenzformel

$$\overset{\displaystyle R''}{\underset{\displaystyle R}{R'-\overset{|}{\underset{|}{C}}-X}}^{\delta^+\ \delta^-} \quad \longleftrightarrow \quad \overset{\displaystyle R''}{\underset{\displaystyle R}{R'-\overset{|}{\underset{|}{C}}^{\oplus}}} \quad X^{\ominus}$$

Die Dissoziationsenergie der C–X-Bindung nimmt in der Reihe von F nach I ab. Die Bindungslänge der C–X-Bindung hingegen nimmt von F nach I zu. Warum dies so ist, wird bei genauerer Betrachtung der Bindungsorbitale klar. Die C–X-Bindung wird durch Überlappung von einem sp^3-Hybridorbital des Kohlenstoffatoms und einem p-Orbital des Halogenatoms gebildet. In der Reihe von Fluor nach Iod nimmt die Atomgröße zu und die Elektronenwolke wird diffuser. Dadurch nimmt auch die Größe des p-Orbitals zu, und dieses kann nicht mehr so gut mit dem kleineren sp^3-Orbital des Kohlenstoffs überlappen. Durch die schlechtere Überlappung wird die Bindung länger (Bindungslänge nimmt zu) und schwächer (Dissoziationsenergie nimmt ab).

Die Monohalogenalkane Fluormethan (CH_3–F), Chlormethan (CH_3–Cl), Brommethan (CH_3–Br), Fluorethan (C_2H_5–F) und Chlorethan (C_2H_5–Cl) sind bei Raumtemperatur gasförmig. Alle anderen Halogenalkane bis C_{18} sind bei Raumtemperatur flüssig. Wie die Alkane sind auch die Halogenalkane nicht wasserlöslich. Alle Halogenalkane, außer Monochlor- und Monofluoralkane, sind zudem schwerer als Wasser.

Der Nachweis von Halogenatomen in organischen Verbindungen kann über die sogenannte Beilstein-Probe erfolgen. Hierbei wird die zu untersuchende Substanz an einem glühenden Kupferdraht in der Bunsenbrennerflamme zersetzt. Dabei bilden sich flüchtige Kupferhalogenide, welche die Flamme grün färben.

5.3 Verwendung der Halogenalkane

Dichlormethan (Methylenchlorid, CH_2Cl_2) und Trichlormethan (Chloroform, $CHCl_3$) werden als Lösungsmittel verwendet, da die meisten organischen Verbindungen in ihnen gelöst werden können. Beide Verbindungen müssen jedoch mit Vorsicht gehandhabt werden, da sie im Verdacht stehen, krebserregend zu sein.

❶ Achtung
Chloroform wird durch Sauerstoff und Lichteinstrahlung in das sehr giftige Phosgen und in Hypochlorige Säure (HOCl) zersetzt. Es muss deshalb stets in braunen Flaschen aufbewahrt werden.

Chlormethan (Methylchlorid, CH_3Cl) und Iodmethan (Methyliodid, CH_3I) werden als Methylierungsmittel verwendet. Allerdings ist zu beachten, dass die beiden Stoffe krebserregend und toxisch sind.

Des Weiteren werden Halogenalkane als Narkosemittel, Treibmittel, Fettlösemittel, Kältemittel, Extraktionsmittel und zur Trockenreinigung von Kleidern verwendet (Exkurs: „FCKW").

5.4   Darstellung der Halogenalkane

Chlor- und Bromalkane lassen sich vor allem im großtechnischen Maßstab gut durch radikalische Substitution aus Alkanen herstellen (⊙ Abb. 5.3). Die Brommoleküle (oder Chlormoleküle) werden in einer Kettenstartreaktion durch Lichteinstrahlung oder Erhitzen in zwei Bromradikale gespalten. Im Kettenwachstumsschritt reagiert das Bromradikal mit dem Alkan (hier als Beispiel Methan), wobei es zur Bildung eines Alkylradikals und Bromwasserstoff kommt. Das Alkylradikal kann dann mit Brom reagieren und es entstehen das bromierte Alkan sowie ein weiteres Bromradikal. Zum Kettenabbruch kommt es durch Rekombination zweier Radikale, z. B. zweier Alkylradikale, zweier Bromradikale oder einem Brom- und einem Alkylradikal.

Vor allem bei Chlorierungen bildet sich jedoch ein Gemisch aus mehreren Chloralkanen. Substitutionen an sekundären und tertiären C-Atomen sind dabei bevorzugt. Diese bevorzugte Bildung eines Regioisomers wird Regioselektivität genannt. In ⊙ Abb. 5.4 sind zwei Beispiele hierfür gezeigt. Bei der Chlorierung von Propan bilden sich 45 % 1-Chlorpropan und 55 % 2-Chlorpropan. Bei der Umsetzung von 2-Methylpropan mit Cl_2 bilden sich 64 % 1-Chlor-2-methylpropan und 36 % 2-Chlor-2-methylpropan. Da im ersten Beispiel die Produktverteilung statistisch gesehen 6:2 und im zweiten Beispiel sogar 9:1 (aufgrund der Anzahl vorhandener H-Atome an primären C-Atomen und sekundären bzw. tertiären C-Atomen) sein sollte, wird deutlich, dass die Substitution am sekundären beziehungsweise tertiären C-Atom bevorzugt wird. Grund hierfür ist, dass die Bindungsdissoziationsenergien von C–H-Bindungen von primären über sekundäre zu tertiären C-Atomen abnehmen. Tertiäre Alkylradikale bilden sich somit leichter, sie sind jedoch auch stabiler und damit unreaktiver als primäre Alkylradikale. Die relative Selektivität (Ausbeute geteilt durch die Anzahl an jeweiligen substituierbaren H-Atomen) von Cl_2 gegenüber einem primären, sekundären oder tertiären C-Atom ist 1:4:5.

Brom ist nicht so reaktiv wie Chlor (Kettenwachstum bei Brom ist insgesamt nur schwach exotherm), dafür aber selektiver als Chlor. Bei der radikalischen Substitution von 2-Methylpropan mit Br_2 bilden sich über 99 % 2-Brom-2-methylpropan und weniger als 1 % 1-Brom-2-methylpropan. Die relative Selektivität von Brom gegenüber einem primären, sekundären oder tertiären C-Atom beträgt 1:80:1700.

FCKW (Fluorchlorkohlenwasserstoffe)

Bei Fluorchlorkohlenwasserstoffen sind alle (oder fast alle) H-Atome durch Fluor- und/oder Chloratome ersetzt. Fluorchlorkohlenwasserstoffe sind somit eine Unterklasse der Halogenalkane. Die wichtigsten FCKW leiten sich von Methan und Ethan ab. Beispiele sind CCl_3F, CCl_2F_2, $CHCl_2F$, $CHClF_2$, $CClF_2$-$CClF_2$ oder $CClF_2$–CCl_2F. Der Vorteil dieser Verbindungen ist, dass sie chemisch und thermisch sehr stabil, nicht toxisch (oder nur gering toxisch), leicht verflüssigbar und unbrennbar sind. Aufgrund dieser Eigenschaften fanden sie zahlreiche Anwendungen als Kältemittel (in Kühlschränken und Klimaanlangen), Treibmittel (in Spraydosen) und Feuerlöschmittel. Aufgrund ihrer Reaktionsträgheit haben die FCKW eine lange Lebensdauer. So beträgt die mittlere Verweildauer in der Atmosphäre, je nach Verbindung, 50 bis 500 Jahre. Die FCKW können somit bis in die Stratosphäre aufsteigen und werden erst dort durch die UV-Strahlung der Sonne abgebaut. Bei der Spaltung der Moleküle durch UV-Licht entstehen Chlorradikale. Diese setzen einen Radikalkettenmechanismus in Gang, bei dem Ozon (O_3) zu Sauerstoff abgebaut wird. Die dabei gebildeten ClO-Radikale können zu Cl_2 und O_2 reagieren. Das Cl_2 kann dann wiederum durch Strahlung in zwei Chlorradikale gespalten werden, welche wieder mit Ozon reagieren können.

Kettenstart

$$CCl_3F \xrightarrow{\text{hv}} CCl_2F\cdot \;+\; Cl\cdot$$

Kettenwachstum

$$Cl\cdot \;+\; O_3 \longrightarrow ClO\cdot \;+\; O_2$$

$$2\,ClO\cdot \longrightarrow Cl_2O_2 \longrightarrow Cl_2 \;+\; O_2$$

$$Cl_2 \xrightarrow{\text{hv}} 2\,Cl\cdot$$

◘ **Ozonabbau durch FCKW**

Durch diesen Abbau von Ozon wird die Ozonschicht, welche sich in der Stratosphäre befindet, zerstört. Die UV-Strahlung, die normalerweise von der Ozonschicht absorbiert wird, kann nun auf die Erde gelangen und dort schädigend auf Pflanzen, Tiere und Menschen wirken. Zusätzlich absorbieren die FCKW in der Stratosphäre IR-(Infrarot-)Strahlung und tragen dadurch, je nach Treibhauspotenzial, mehr oder weniger zur globalen Erwärmung bei. Nachdem in den 1970er-Jahren festgestellt wurde, dass die FCKW die Ozonschicht zerstören, wurde im Jahre 1987

FCKW (Fluorchlorkohlenwasserstoffe) *(Fortsetzung)*

das Montrealer Protokoll erstellt. Bei diesem Umweltabkommen einigten sich die unterzeichnenden Staaten (darunter auch Deutschland, Österreich und die Schweiz) darauf, die FCKW-Produktion zu stoppen und den Verbrauch drastisch zu reduzieren. Als Ersatzstoffe wurden u. a. teilfluorierte Fluorkohlenwasserstoffe (CH_2FCF_3, $CHClF_2$, CH_3CClF_2) verwendet, welche reaktiver sind und somit schon in der Troposphäre abgebaut werden. Allerdings haben diese Stoffe den Nachteil, dass sie ein sehr hohes Treibhauspotential besitzen und somit sehr stark zur Erderwärmung beitragen, weshalb 2016 die schrittweise Abschaffung dieser teilfluorierten Kohlenwasserstoffe beschlossen wurde. Als Ersatzstoffe für FCKW werden deshalb heute vorwiegend Propan, Butan und Pentan verwendet, die jedoch den Nachteil haben, dass sie brennbar sind.

Kettenstart

$$Br_2 \xrightarrow{\text{hv oder } \Delta} 2\ Br\cdot$$

Kettenwachstum

$$Br\cdot + CH_4 \longrightarrow H_3C\cdot + HBr$$

$$H_3C\cdot + Br_2 \longrightarrow H_3C\text{–}Br + Br\cdot$$

Kettenabbruch

$$H_3C\cdot + Br\cdot \longrightarrow H_3C\text{–}Br$$

$$H_3C\cdot + H_3C\cdot \longrightarrow H_3C\text{–}CH_3$$

$$Br\cdot + Br\cdot \longrightarrow Br_2$$

Abb. 5.3 Darstellung von Brommethan durch radikalische Substitution

Abb. 5.4 Regioselektivität bei der Chlorierung von Propan und 2-Methylpropan

$$2\ CH_3Br\ +\ HgF_2\ \xrightarrow{\ 0\ °C\ }\ 2\ CH_3F\ +\ HgBr_2$$

$$3\ CCl_4\ +\ SbF_3\ \xrightarrow{\ SbCl_5\ }\ 3\ CFCl_3\ +\ SbCl_3$$

Abb. 5.5 Fluorierung durch Halogenaustausch

$$R{-}X\ +\ Na^{\oplus}I^{\ominus}\ \xrightarrow{\ Aceton\ }\ R{-}I\ +\ Na^{\oplus}X^{\ominus}\downarrow$$

X = Cl, Br

Abb. 5.6 Finkelstein-Reaktion

? Aufgabe 1
Was entsteht als Hauptprodukt bei der radikalischen Bromierung von 2-Methylbutan?

Fluoralkane lassen sich über den Weg der radikalischen Substitution nicht selektiv herstellen, da F_2 zu reaktiv ist. Die beiden Schritte des Kettenwachstums sind bei Fluor stark exotherm. Aufgrund dieser heftigen Reaktion kommt es deshalb zu Mehrfachfluorierungen und C–C-Bindungsspaltungen. Auch Perfluorierungen, das heißt alle H-Atome werden durch F-Atome ersetzt, sind dabei möglich. Kontrollierte Perfluorierungen sind besser mit anorganischen Fluoriden durchführbar, da es dabei nicht zu Bindungsspaltungen kommt. So entstehen z. B. beim Umsatz von Alkanen mit CoF_3 das perfluorierte Alkan sowie HF und CoF_2. Das Cobalt(II)-fluorid kann dann durch Reaktion mit F_2 zu CoF_3 regeneriert werden. Will man selektiv nur ein Fluoratom einführen, so kann man dies durch einen Halogenaustausch erreichen (**Abb. 5.5**). Fluormethan kann so durch Reaktion von Brommethan mit der starken Lewis-Säure HgF_2 hergestellt werden. Ein anderes Beispiel ist die Reaktion von Tetrachlorkohlenstoff mit SbF_3, wobei sich $CFCl_3$ bildet. Das gebildete $SbCl_3$ kann mit HF wieder zu SbF_3 regeneriert werden.

Auch Iodalkane können nicht durch radikalische Substitution hergestellt werden, da die beiden Schritte des Kettenwachstums insgesamt endotherm sowie auch endergonisch sind und die Reaktion dadurch nicht abläuft. Iodalkane lassen sich am einfachsten durch Halogenaustausch herstellen (**Abb. 5.6**). Bei dieser Reaktion, auch **Finkelstein-Reaktion** genannt, wird ein Chlor- oder Bromalkan mit Natriumiodid umgesetzt, wobei es zu einer nucleophilen Substitution kommt. Wird die Reaktion in Aceton durchgeführt, so verschiebt sich das Gleichgewicht nach rechts, da NaCl bzw. NaBr in Aceton nicht löslich sind und dementsprechend ausfallen.

Im Labor können Halogenalkane relativ einfach aus den entsprechenden Alkoholen hergestellt werden. Der Alkohol wird mit dem gewünschten Halogenwasserstoff

$$\text{Cyclopentyl-OH} + \text{HBr} \longrightarrow \text{Cyclopentyl-}\overset{\oplus}{\text{OH}}_2 + \text{Br}^{\ominus}$$

$$\downarrow$$

$$\text{Cyclopentyl-Br} + \text{H}_2\text{O}$$

Abb. 5.7 Synthese von Bromcyclopentan aus Cyclopentanol

HX (X = Cl, Br, I) umgesetzt. Hierbei wird ebenfalls durch eine nucleophile Substitution die OH-Gruppe durch ein Halogenatom ersetzt (**Abb. 5.7**). Da OH$^-$ eine schlechte Abgangsgruppe ist (es kann die negative Ladung nicht so gut stabilisieren. Allgemein gilt, dass eine Abgangsgruppe umso besser ist, je stärker ihre korrespondierende Säure ist), wird zuerst ein H$^+$ angelagert. H$_2$O ist eine gute Abgangsgruppe und kann leicht durch ein Halogen substituiert werden. Primäre Alkohole reagieren hierbei nach dem S$_N$2-Mechanismus. Sekundäre und tertiäre Alkohole reagieren nach dem S$_N$1-Mechanismus. Als Nebenreaktion kann dabei auch die Bildung eines Alkens durch eine Eliminierung (E1-Reaktion) stattfinden. (Zur Erinnerung: Nucleophile Substitutionsreaktionen (S$_N$-Reaktionen) können nach zwei verschiedenen Mechanismen ablaufen. Beim S$_N$1-Mechanismus wird die Abgangsgruppe zuerst abgespalten und dann greift das Nucleophil an. Beim S$_N$2-Mechanismus finden der Angriff des Nucleophils und der Austritt der Abgangsgruppe gleichzeitig statt. Analoges gilt für Eliminationen. Bei E1-Reaktionen wird zuerst die Abgangsgruppe abgespalten und dann wird ein weiterer Substituent abgespalten. Bei E2-Reaktionen finden die Abspaltung von Abgangsgruppe und einem weiteren Substituenten gleichzeitig statt. Falls ihr nochmals euer Gedächtnis auffrischen wollt oder nochmals genauer schauen wollt, wie das geht, schlagt in einem Lehrbuch, z. B. Clayden et al. (2013) nach.)

Auch durch Reaktion mit den Phosphortrihalogeniden PBr$_3$ oder PI$_3$ können Alkohole in Bromalkane oder Iodalkane umgewandelt werden. Chloralkane lassen sich sehr schonend durch Reaktion von Alkoholen mit Thionylchlorid (SOCl$_2$) erzeugen.

Eine weitere Möglichkeit, einen Alkohol in ein Chlor- oder Bromalkan zu überführen, ist die **Appel-Reaktion**, bei welcher der Alkohol mit Tetrachlormethan bzw. Tetrabrommethan und Triphenylphoshan umgesetzt wird (**Abb. 5.8**). Im ersten Schritt reagiert Triphenylphosphan mit Tetrabrommethan in einer S$_N$2-Reaktion zum Bromtriphenylphosphan-Kation und CBr$_3^-$. Letzteres kann dann einen Alkohol deprotonieren, wobei das Alkoholat und Tribrommethan entstehen. Das Alkoholat greift am Phosphoratom des Bromtriphenylphosphan-Kations an, wobei es zu einer Bromid-Abspaltung kommt. Das Bromidion greift dann wiederum in einer S$_N$2-Reaktion an, wobei es unter Abspaltung von Triphenylphosphanoxid zur Bildung des Halogenalkans kommt. Da dieser letzte Schritt eine S$_N$2-Reaktion ist, findet die Reaktion stereoselektiv unter Inversion der Konfiguration statt. (Erinnere dich an den

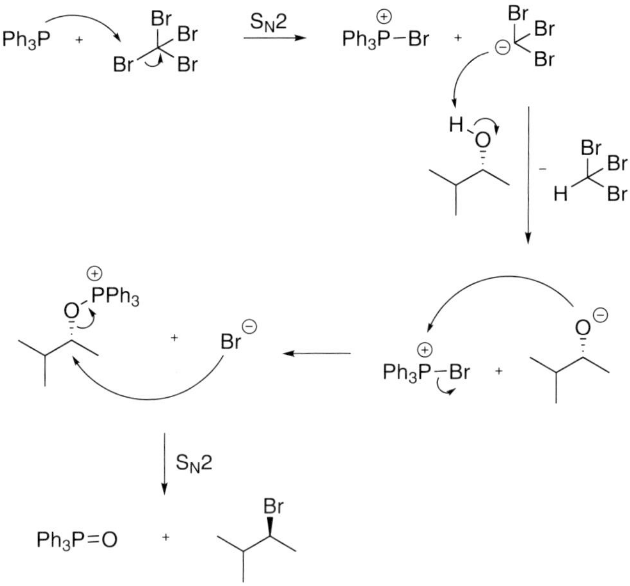

☐ **Abb. 5.8** Mechanismus der Appel-Reaktion

Regenschirm-Mechanismus (Walden-Umkehr) bei S_N2-Reaktionen: die pyramidale Geometrie der Ausgangsverbindung wird dabei „umgeklappt".)

Eine weitere Möglichkeit, Halogenalkane im Labor herzustellen, ist die Addition von Halogenwasserstoff an Alkene. Je nach Reaktionsbedingungen kann dabei entweder eine elektrophile Addition (bei Sauerstoffausschluss, Lichtausschluss und tiefen Temperaturen) oder eine Addition über freie Radikale (bei Vorhandensein von Sauerstoff und Peroxiden, Licht und höheren Temperaturen) ablaufen (☐ Abb. 5.9). Läuft die Reaktion über eine elektrophile Addition ab, wird das Markownikow-Produkt gebildet. Das bedeutet, dass zuerst ein Proton (H^+) addiert wird, welches sich an das C-Atom der Doppelbindung anlagert, das mehr H-Atome trägt. Dadurch bildet sich das stabilere (in ☐ Abb. 5.9 das sekundäre) Carbokation. Das Halogenatom ist dann im Produkt an das C-Atom mit der geringeren Anzahl von H-Atomen gebunden.

❯ **Markownikow-Regel:** Bei elektrophiler Addition von HX an Alkene bindet das H-Atom an das C-Atom, das *mehr* H-Atome trägt.

Bei der radikalischen Addition bildet sich das Anti-Markownikow-Produkt, da sich das Halogenradikal im ersten Schritt an das C-Atom mit der größeren Anzahl an H-Ato-

Elektrophile Addition

Markownikow-Produkt

Addition über Radikale

Anti-Markownikow-Produkt

❑ Abb. 5.9 Elektrophile oder radikalische Addition von Halogenwasserstoff an Alkene

men anlagert, sodass das stabilere (in diesem Fall das sekundäre) Alkylradikal entsteht. Dieses reagiert mit einem HX-Molekül zum Anti-Markownikow-Produkt (das H-Atom bindet an das C-Atom, das *weniger* H-Atome trägt) und einem Halogenradikal.

❓ Aufgabe 2

Welches Produkt entsteht bei der radikalischen Addition von HCl an 2-Methylbut-2-en und welches bei der elektrophilen Addition von HCl an 2-Methylbut-2-en?

❓ Aufgabe 3

Was entsteht bei der elektrophilen Addition von Br_2 an 1-Methylcyclohex-1-en?

Auch eine Addition von molekularen Halogenen (X_2) an Alkene, die entsprechend zu Dihalogenalkanen führt, ist möglich. Auch hier kann die Addition radikalisch oder elektrophil ablaufen.

Eine besonders elegante Variante, eine Bromierung in Allylstellung ($-CH_2-HC=CH_2$, ▶ Abschn. 2.3.2) (oder auch Benzylstellung, $-CH_2-C_6H_5$) durchzuführen, ist die **Wohl-Ziegler-Reaktion** (❑ Abb. 5.10). Ein Radikalstarter (z. B. AIBN = Azobisisobutyronitril) reagiert mit NBS (*N*-Bromsuccinimid), wobei ein Bromradikal vom NBS abgespalten wird. Dieses Bromradikal abstrahiert nun ein H-Atom in Allylstellung, wobei HBr und ein Allylradikal entstehen. HBr und NBS reagieren weiter zu Br_2 und Succinimid. Br_2 reagiert dann mit dem Allylradikal zu Allylbromid und HBr. Würde man direkt Br_2 in der Reaktion einsetzen, so käme es zu einer Addition an die C–C-Doppelbindung. Dieses Problem umgeht man mit NBS, da die Konzentration des gebildeten Broms stets gering ist und die Reaktion durch den Radikalstarter radikalisch abläuft.

Die Herstellung von Halogenalkenen (ein C-Atom einer C–C-Doppelbindung trägt mindestens ein Halogenatom) kann durch Addition von HX oder X_2 an ein Alkin

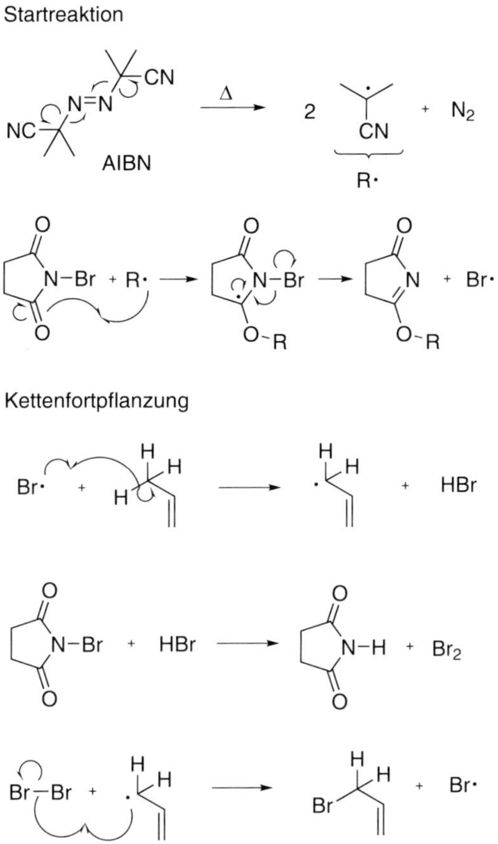

❏ Abb. 5.10 Wohl-Ziegler-Bromierung von Propen

Startreaktion

AIBN

Kettenfortpflanzung

erfolgen. Eine andere Möglichkeit ist die Eliminierung von HX von einem mehrfach halogenierten Halogenalkan. Anwendungsbeispiele von Halogenalkenen sind im Exkurs: „Polyvinylchlorid und Polytetrafluorethen" beschrieben.

5.5 Typische Reaktionen der Halogenalkane

❯ Die wichtigsten Reaktionen, welche Halogenalkane eingehen, sind nucleophile Substitutionen (S_N1- und S_N2-Reaktionen) und Eliminierungen (E1- und E2-Reaktionen). Halogenalkane können dadurch in Alkohole, Ether, Nitrile, Alkene, Thiole, Ester, Amine, Nitrile, Azide etc. umgewandelt werden.

$$\overset{\delta^+ \; \delta^-}{R-X} \; + \; 2\,M \; \longrightarrow \; \overset{\delta^- \; \delta^+}{R-M} \; + \; MX$$

$$M = Li,\ Na,\ K$$

$$\overset{\delta^+ \; \delta^-}{R-X} \; + \; Mg \; \longrightarrow \; \overset{\delta^- \; \delta^+ \; \delta^-}{R-Mg-X}$$

◘ **Abb. 5.11** Synthese von metallorganischen Verbindungen aus Halogenalkanen

Polyvinylchlorid und Polytetrafluorethen

Aus dem Halogenalken Vinylchlorid (Chlorethen) kann durch radikalische oder ionische Polymerisation der Kunststoff Polyvinylchlorid (PVC) hergestellt werden. PVC ist spröde und kann erst durch Zusatz von Weichmachern oder unter der Einwirkung von Hitze formbar gemacht werden. PVC besitzt eine lange Haltbarkeit und wird als Fußbodenbelag, für Fensterrahmen, Rohre und Kabelisolierungen verwendet.

Vinylchlorid

PVC

◘ **Synthese von Polyvinylchlorid aus Vinylchlorid**

Polytetrafluorethen (PTFE, Polytetrafluorethylen, Teflon®) ist ein Polymer, das eine hohe chemische Beständigkeit gegen Säuren, Laugen, Alkohole, Öle usw. besitzt. Aufgrund dieser Eigenschaften findet es z. B. Anwendung als Dichtungsmaterial, für Antihaftbeschichtungen in Pfannen, in der Textilindustrie oder im Chemieanlagenbau. PTFE wird durch radikalische Polymerisation unter Druck aus 1,1,2,2-Tetrafluorethen hergestellt.

Tetrafluorethen

Polytetrafluorethen

◘ **Synthese von PTFE aus Tetrafluorethen**

$$\text{Benzol} + Cl_2 \xrightarrow{AlCl_3 \text{ (kat.)}} \text{C}_6\text{H}_5\text{–Cl} + HCl$$

$$\text{Benzol} + Br_2 \xrightarrow{FeBr_3 \text{ (kat.)}} \text{C}_6\text{H}_5\text{–Br} + HBr$$

◘ Abb. 5.12 Chlorierung und Bromierung von Benzol durch elektrophile aromatische Substitution

Des Weiteren sind Halogenalkane wichtige Edukte bei übergangsmetallkatalysierten Kupplungsreaktionen, die zum Aufbau von C–C-Bindungen dienen.

Soll das positiv polarisierte Kohlenstoffatom, das mit dem Halogen verbunden ist, in ein negativ polarisiertes C-Atom umgepolt werden, so kann dies durch Reaktion mit einem elektropositiven Metall wie Mg, Li, Na oder K erreicht werden. Es entstehen metallorganische Verbindungen, die eine Kohlenstoff-Metall-Bindung besitzen, bei der das C-Atom aufgrund der höheren Elektronegativität eine negative Teilladung trägt (◘ Abb. 5.11). Reagiert R–X mit M (M = Li, Na, K), bilden sich R–M und MX. Lässt man das Halogenalkan mit Magnesium reagieren, wird Mg in die C–X-Bindung insertiert. Es bildet sich eine so genannte **Grignard-Verbindung** RMgX (◘ Abb. 5.11). Diese Insertion des Magnesiumatoms ist eine oxidative Addition. Elementares Magnesium besitzt die Oxidationsstufe null, im Produkt hat es die Oxidationsstufe +2, sie ist also um +2 angestiegen. Durch Reaktion von RMgX mit Elektrophilen (Aldehyde, Ketone, Ester, Imine, Nitrile, Epoxide usw.) können so neue C–C-Bindungen aufgebaut werden (Grignard-Reaktion, ▶ Abschn. 6.3.2).

> **❶ Achtung**
> Mehrfach halogenierte Verbindungen ($R–CHX_2$ oder $R–CX_3$) reagieren stark exotherm mit Natrium und Kalium. Dichlormethan und Chloroform dürfen deshalb niemals über Natrium oder Kalium getrocknet werden, da es dabei zur Explosion kommt (Staudinger-Versuch).

5.6 Halogenaromaten

Halogenaromaten sind Verbindungen, bei denen ein oder mehrere H-Atome an Aromaten durch Halogenatome ersetzt sind. Die Einführung von Halogensubstituenten an Aromaten kann z. B. durch elektrophile aromatische Substitution erreicht werden. So können chlorierte und bromierte Aromaten durch Reaktion eines Aromaten mit Cl_2 beziehungsweise Br_2 und einer Lewis-Säure als Katalysator (z. B. $FeCl_3$, $FeBr_3$ oder $AlCl_3$) hergestellt werden (◘ Abb. 5.12).

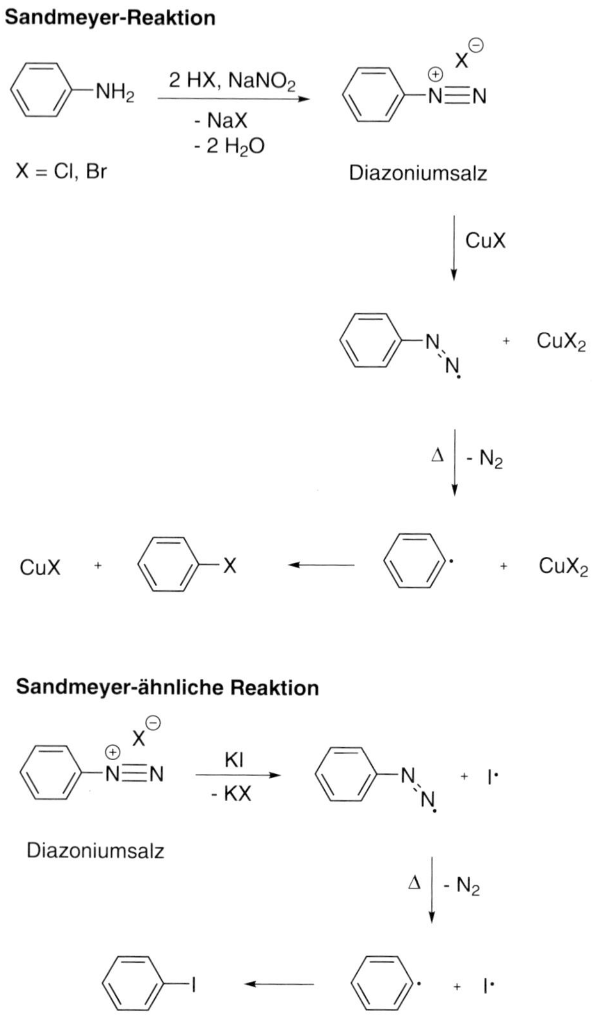

Sandmeyer-Reaktion

X = Cl, Br

Diazoniumsalz

Sandmeyer-ähnliche Reaktion

Diazoniumsalz

◻ **Abb. 5.13** Sandmeyer-Reaktion und Sandmeyer-ähnliche Reaktion zur Synthese von chlorierten, bromierten oder iodierten Aromaten

◘ Abb. 5.14 Balz-Schiemann-Reaktion

Diazoniumsalz

Δ | $- N_2$

$+ \; BF_3$

❓ Aufgabe 4

Welche Reaktionsbedingungen und Substrate muss ich jeweils verwenden, wenn ich aus Toluol Chlorphenylmethan (Benzylchlorid) oder 2-Chlortoluol/4-Chlortoluol herstellen will?

Des Weiteren lassen sich Halogenaromaten auch ausgehend von Diazoniumsalzen herstellen. Diese Diazoniumsalze lassen sich aus Anilin durch Reaktion mit Salpetriger Säure oder Natriumnitrit und einer Säure herstellen. Aryldiazoniumsalze sind meist sehr reaktiv und werden deshalb sofort weiter umgesetzt. Beim Umsatz mit Cu(I)-Salzen wie CuCl oder CuBr findet die **Sandmeyer-Reaktion** statt (◘ Abb. 5.13). Der Mechanismus verläuft radikalisch, wobei das Kupferhalogenid als Katalysator dient. Zur Herstellung von iodierten Aromaten müssen keine Kupfersalze zugegeben werden, hier reicht allein schon die Zugabe von Kaliumiodid.

Fluorierte Aromaten lassen sich besser über die **Balz-Schiemann-Reaktion** (◘ Abb. 5.14) synthetisieren. Aus Amin, Tetrafluorborsäure und Salpetriger Säure wird dabei ein Diazoniumsalz hergestellt, bei dem BF_4^- als Anion zum Diazoniumkation vorliegt. Durch leichtes Erhitzen bildet sich unter Abspaltung von Stickstoff der Fluoraromat.

Halogenaromaten gehen nucleophile aromatische Substitutionen ein und werden wie die Halogenalkane als Edukte in übergangsmetallkatalysierten C–C-Kupplungsreaktionen eingesetzt.

✔ Lösungen zu den Aufgaben

Lösung 1

Als Hauptprodukt entsteht 2-Brom-2-methylbutan.

Lösung 2

Bei der radikalischen Addition von Chlorwasserstoff an 2-Methylbut-2-en entsteht 2-Chlor-3-methylbutan. Bei der elektrophilen Addition entsteht 2-Chlor-2-methyl-butan.

Radikalische Addition

Elektrophile Addition

Lösung 3

Im ersten Schritt der Addition von Br_2 an ein Alken bildet sich ein cyclisches Kation (ein Bromoniumion) als Zwischenstufe. Das Bromidion greift dann durch einen Rückseitenangriff an der sterisch weniger gehinderten Seite an und öffnet somit den Dreiring. Insgesamt werden die zwei Bromatome also in anti-Stellung addiert. Es entstehen in diesem Fall zwei Diastereomere: (1 S,2 S)-1,2-Dibrom-1-methylcyclohe-xan und (1 R,2 R)-1,2-Dibrom-1-methylcyclohexan. (Falls du nicht mehr genau weist, wie man die R,S-Stereodeskriptoren bestimmt, schlage in einem Buch, zum Beispiel Clayden et al. (2013), unter R,S-Nomenklatur oder Cahn-Cahn-Ingold-Prelog-Kon-vention nach.) Die Reaktion verläuft analog für I_2. Da Cl_2 nicht so gut polarisierbar ist wie Br_2 oder I_2, läuft die Reaktion mit Chlor über eine carbokationische, nicht cyclische Zwischenstufe ab.

(1S,2S)-1,2-
Dibrom-1-
methylcyclohexan

(1R,2R)-1,2-
Dibrom-1-
methylcyclohexan

Lösung 4

Soll eine radikalische Substitution an der der Seitenkette des Alkylaromaten durchgeführt werden, so gilt die **SSS-Regel**: SSS = Sonne (*hv*), Siedehitze, Seitenkette.
Soll eine elektrophile aromatische Substitution am aromatischen Kern durgeführt
werden gilt die **KKK-Regel**: KKK = Kälte, Katalysator, Kern.

Literatur

Clayden J, Greeves N, Warren S, Wothers P (2013) Organische Chemie. Springer, Heidelberg

Weiterführende Literatur

Beilstein F (1872) Ueber den Nachweis von Chlor, Brom und Jod in organischen Substanzen. Ber Dtsch Chem Ges 5(2):620–621. https://doi.org/10.1002/cber.18720050209

Bliefert C (2002) Umweltchemie. Wiley-VCH, Weinheim

Breitmaier E, Jung G (2012) Organische Chemie. Thieme, Stuttgart

Latscha HP, Klein HA (2008) Chemie Basiswissen II – Organische Chemie. Springer, Berlin Heidelberg

Seite „Fluorchlorkohlenwasserstoffe". In: Wikipedia, Die freie Enzyklopädie. Bearbeitungsstand: 22. Februar 2015, 21:00 UTC. URL: http://de.wikipedia.org/wiki/Fluorchlorkohlenwasserstoffe136133345 (Abgerufen: 23. Februar 2015, 20:43 UTC)

Seite „Fluorkohlenwasserstoffe". In: Wikipedia, Die freie Enzyklopädie. Bearbeitungsstand: 30. Dezember 2016, 15:30 UTC. URL: https://de.wikipedia.org/wiki/Fluorkohlenwasserstoffe (Abgerufen: 07. Januar 2017, 11:13 UTC)

Seite „Polytetrafluorethylen". In: Wikipedia, Die freie Enzyklopädie. Bearbeitungsstand: 18. Mai 2016, 14:25 UTC. URL: https://de.wikipedia.org/wiki/Polytetrafluorethylen (Abgerufen: 19. Juni 2016, 20:45 UTC)

Seite „Polyvinylchlorid". In: Wikipedia, Die freie Enzyklopädie. Bearbeitungsstand: 09. Juni 2016, 15:06 UTC. URL: https://de.wikipedia.org/wiki/Polyvinylchlorid (Abgerufen: 18. Juni 2016, 16:40 UTC)

Vollhardt KPC, Schore NE (2011) Organische Chemie. Wiley-VCH, Weinheim

Alkohole

Stefanie Federle, Stefanie Hergesell, Sebastian Schubert

© Springer-Verlag GmbH Deutschland 2017
S. Federle, S. Hergesell, S. Schubert, *Die Stoffklassen der organischen Chemie,*
https://doi.org/10.1007/978-3-662-54968-1_6

Alkohole zeichnen sich durch eine Hydroxygruppe (–OH–Gruppe) als funktionelle Gruppe aus. Ihre Eigenschaften sind unter anderem durch die Fähigkeit geprägt, Wasserstoffbrücken auszubilden. Die Herstellung von Alkoholen kann z. B. durch Grignard-Reaktion, Hydroborierung oder durch Reduktion von Carbonylverbindungen geschehen.

6.1 Allgemeines und Definition

> Als Alkohole werden Alkane bezeichnet, die als funktionelle Gruppe eine OH-Gruppe (Hydroxygruppe) tragen (◉ Abb. 6.1).

Zur Benennung von Alkoholen wird an den Namen des entsprechenden Alkans die Endung -ol angehängt. In älteren Bezeichnungen wird manchmal die Vorsilbe Hydroxy- vor den Namen des Alkans gestellt. Bei der Stoffgruppe der Phenole hängt die Hydroxygruppe an einem aromatischen Ring. Phenole besitzen jedoch zum Teil andere Eigenschaften als aliphatische Alkohole. Ist die OH-Gruppe an das C-Atom einer Doppelbindung gebunden, so sprechen wir von einem Enol. Enole stehen durch die **Keto-Enol-Tautomerie** (▶ Abschn. 10.2) im Gleichgewicht mit ihrer Keto- beziehungsweise Aldehydform. Für aliphatische Enole liegt das Gleichgewicht meist vollständig auf Seite des Carbonyls.

Analog zu den Halogenalkanen (▶ Kap. 5) lassen sich auch die Alkohole in primäre (das C-Atom, an dem die OH-Gruppe hängt, trägt nur einen Alkylrest), sekundäre (das C-Atom mit der OH-Gruppe trägt zwei Alkylreste) und tertiäre (dieses C-Atom trägt drei Alkylreste) Alkohole einteilen. Eine Ausnahme ist Methanol, da hier das C-Atom, an dem die Hydroxygruppe hängt, mit drei H-Atomen verbunden ist. Methanol wird jedoch trotzdem zu den primären Alkoholen gezählt.

? Aufgabe 1

Benenne folgende Verbindungen nach der IUPAC-Nomenklatur:

a   b   c

d   e

☐ Abb. 6.1 Einige der wichtigsten Alkohole im Überblick

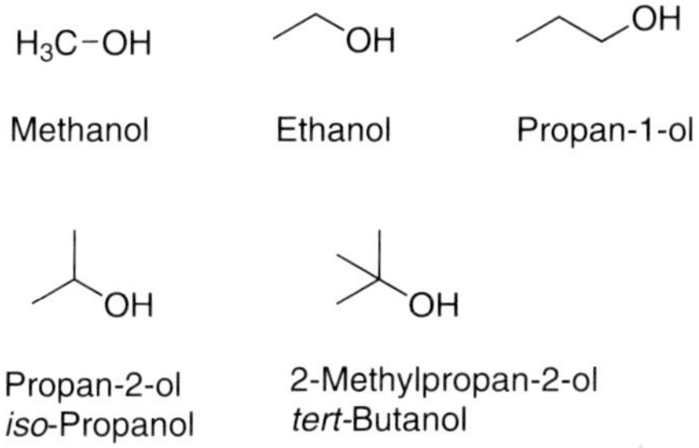

H$_3$C–OH

Methanol

Ethanol

Propan-1-ol

Propan-2-ol
iso-Propanol

2-Methylpropan-2-ol
tert-Butanol

☐ Abb. 6.2 Ausbildung von Wasserstoffbrücken zwischen Sauerstoff- und Wasserstoffatomen der Alkoholmoleküle

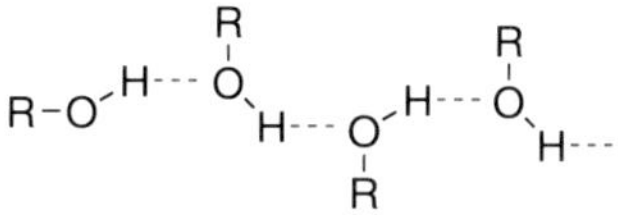

6.2 Physikalische und chemische Eigenschaften der Alkohole

Da Sauerstoff eine signifikant höhere Elektronegativität als Wasserstoff und Kohlenstoff hat, zieht ein Sauerstoffatom die Bindungselektronen der O–H- und O–C-Bindung zu sich heran. Das O-Atom ist deshalb negativ polarisiert, H- und C-Atom sind positiv polarisiert. Alkohole sind somit Dipole, die untereinander Wasserstoffbrücken aufbauen können (☐ Abb. 6.2). Das positiv polarisierte H-Atom (welches als „nacktes Proton" aufgefasst werden kann, da es praktisch keine Elektronen mehr besitzt) wechselwirkt dabei mit dem negativ polarisierten O-Atom eines anderen Moleküls.

Die Bindung durch Wasserstoffbrücken ist mit einer Energie von rund 21 kJ mol^{-1} zwar schwach im Vergleich zu einer kovalenten O–H-Bindung (Bindungsenergie 463 kJ mol^{-1}), sie hat jedoch starke Auswirkungen auf die Schmelz- und Siedepunkte der Stoffe. Im Vergleich zu den analogen Alkanen, welche untereinander nur Van-der-Waals-Wechselwirkungen aufbauen, haben Alkohole höhere Schmelz- und Siedepunkte, da die einzelnen Moleküle aufgrund der Wasserstoffbrücken schwerer voneinander zu trennen sind. So hat z. B. Ethan einen Siedepunkt von −80 °C, Ethanol liegt mit 78 °C hingegen deutlich höher. Wie bei den Alkanen nimmt auch bei den Alkoholen der Siedepunkt mit steigender Kettenlänge aufgrund der zunehmenden Van-der-Waals-Wechselwirkungen zwischen den Alkylketten zu. Alkohole mit linearen Alkylketten haben einen höheren Siedepunkt als isomere Alkohole mit verzweigten Ketten, da sie aufgrund ihrer größeren Oberfläche stärker miteinander wechselwirken können. Moleküle, die mehrere OH-Gruppen tragen, haben noch höhere Schmelz- und Siedepunkte, da sie mehrere Wasserstoffbrücken aufbauen können. In ☐ Tab. 6.1 sind die Schmelzpunkte und Siedepunkte einiger wichtiger Alkohole aufgelistet.

☐ Tab. 6.1 Schmelz- und Siedepunkte einiger Alkohole

Summenformel	Name	Schmelzpunkt (in °C)	Siedepunkt (in °C)
CH_4O	Methanol	−97	64,5
C_2H_6O	Ethanol	−115	78,2
C_3H_8O	Propan-1-ol	−126	97
$C_4H_{10}O$	Butan-1-ol	−90	118
$C_5H_{12}O$	Pentan-1-ol	−78,5	138
$C_6H_{14}O$	Hexan-1-ol	−52	156
C_3H_8O	Propan-2-ol (*iso*-Propanol)	−86	82,5
$C_4H_{10}O$	Butan-2-ol (*sec*-Butanol)	−114	99,5
$C_4H_{10}O$	2-Methylpropan-2-ol (*tert*-Butanol)	25,5	83
$C_2H_6O_2$	Ethan-1,2-diol (Ethylenglycol)	−17	197
$C_3H_8O_3$	Propan-1,2,3-triol (Glycerin)	18	290

Vor allem Alkohole mit kurzen Alkylketten sind außerdem gut wasserlöslich, da sie Wasserstoffbrücken zu den Wassermolekülen aufbauen. Je länger die Alkylkette, desto geringer wird die Wasserlöslichkeit, da der Einfluss der unpolaren Alkylkette den Einfluss der polaren OH-Gruppe übersteigt. Die Alkoholmoleküle werden dann über die Van-der-Waals-Wechselwirkungen der Kette zusammengehalten und mischen sich nicht mit den polaren Wassermolekülen. Mit zunehmender Anzahl an Hydroxygruppen im Molekül steigt die Wasserlöslichkeit.

Die pK_s-Werte (Maß für die Stärke einer Säure; je kleiner der pK_s-Wert ist, desto stärker ist die Säure) der Alkohole liegen im Bereich zwischen 16 und 18. Allgemein lässt sich sagen, dass der pK_s-Wert in der Reihenfolge vom primären über den sekundären zum tertiären Alkohol steigt (der pK_s-Wert von Methanol beträgt 15,5, Ethanol 15,9, Isopropanol 17,1 und *tert*-Butanol 18). Grund hierfür ist der zunehmende +I-Effekt (positiver induktiver Effekt, elektronenschiebend; ▶ Abschn. 4.7) durch die Alkylgruppen. Bei Deprotonierung eines sekundären oder tertiären Alkohols kann die negative Ladung am Sauerstoffatom schlechter stabilisiert werden, da die zwei bzw. drei Alkylgruppen ebenfalls Elektronendichte auf das Sauerstoffatom schieben. Durch die

$$R-\overset{H}{\underset{H}{O^{\oplus}}} \xrightleftharpoons[\text{starke Säure}]{\text{schwache Base}} R-OH \xrightleftharpoons[\text{schwache Säure}]{\text{starke Base}} R-O^{\ominus}$$

Alkyloxonium-Ion   Alkohol   Alkoxid

◼ **Abb. 6.3** Protonierung und Deprotonierung eines Alkohols

$$CO + 2\,H_2 \xrightarrow[\substack{250\,^{\circ}C \\ 5\text{ - }10\text{ MPa}}]{Cu\text{-}ZnO\text{-}Cr_2O} CH_3OH$$

◼ **Abb. 6.4** Technische Synthese von Methanol

Destabilisierung des Anions ist die Deprotonierung gehindert, der pK_s-Wert steigt also. Alkohole sind amphoter, d. h. sie können sowohl mit starken Säuren protoniert als auch mit starken Basen deprotoniert werden (◼ Abb. 6.3).

Phenole sind mit einem pK_s-Wert von 10 deutlich saurer als die aliphatischen Alkohole. Das Proton der OH-Gruppe wird hier leichter abgegeben, weil das entstehende Phenolatanion mesomeriestabilisiert ist, d. h. die negative Ladung kann im aromatischen Ring delokalisiert werden.

Der Nachweis von Alkoholen kann mittels Ammoniumcer(IV)-nitrat (und Ansäuerung mit Salpetersäure) erfolgen. Die Lösung färbt sich bei Vorhandensein von Alkoholen rot, da sich ein Komplex bildet, bei dem die Alkoholmoleküle über das O-Atom an das Cer koordinieren. Bei Phenolen ist der Nachweis positiv, wenn ein braun-roter Niederschlag ausfällt.

Der Nachweis von primären und sekundären Alkoholen kann auch durch Umsetzung mit Kaliumdichromat ($K_2Cr_2O_7$) und Schwefelsäure geführt werden. Der Alkohol wird dabei zum Aldehyd (bei primären Alkoholen) oder Keton (bei sekundären Alkoholen) oxidiert. Das Dichromat wird zu Chrom(III)-sulfat reduziert, wodurch sich die Farbe von orange nach grün ändert. Dieser Nachweis wurde früher auch in Blasröhrchen zur Messung des Alkoholgehaltes im Atem verwendet.

6.3 Darstellung und Verwendung der Alkohole

6.3.1 Technische Synthesen

Methanol wird großtechnisch aus Synthesegas (einem Gemisch aus CO und H_2) hergestellt, wobei ein heterogener Kupfer-Zinkoxid-Chromoxid-Katalysator verwendet wird (◼ Abb. 6.4). Methanol wird als Lösungsmittel und für die Synthese weiterer Chemikalien wie Formaldeyhd, Essigsäure, Methylmethacrylat oder Methyl-*tert*-butylether (MTBE) verwendet.

◼ Abb. 6.5 Technische Synthese von Ethanol

Mechanismus

🛇 **Achtung**

Methanol ist giftig! Die Aufnahme von Methanol führt zu Kopfschmerzen, Erbrechen, Erblindung und bei höheren Dosen sogar zum Tod. Im Körper wird Methanol durch das Enzym Alkoholdehydrogenase zu Formaldehyd umgewandelt und dann weiteroxidiert zu Ameisensäure. Diese verändert den pH-Wert des Blutes vom Normalbereich (pH-Wert von $7{,}40 \pm 0{,}05$) bis hin zur Acidose (Absinken des pH-Wertes unter $7{,}00$).

Die Herstellung von Ethanol im technischen Maßstab erfolgt durch Reaktion von Ethen mit Wasser (◼ Abb. 6.5). Dabei wird entweder Schwefelsäure oder Phosphorsäure als Katalysator verwendet. Bei dieser Hydratisierung findet zuerst eine Protonierung statt, dann wird Wasser angelagert und im letzten Schritt ein Proton abgespalten. Die Hydratisierung ist also eine Addition von Wasser an Ethen.

Ethanol kann auch durch katalytische Hydrierung von Acetaldehyd gewonnen werden. Das Acetaldehyd kann zuvor aus Hydratisierung von Ethin erzeugt werden. Eine weitere Möglichkeit zur Ethanolsynthese ist die Vergärung von Zuckern. Diese werden dabei durch Hefe-Enzyme in Ethanol und CO_2 gespalten.

Ethanol wird vor allem als Lösungsmittel, Treibstoff und als Edukt für die Synthese von organischen Stoffen verwendet.

6.3.2   Darstellung im Labormaßstab

Eine wichtige Methode, Alkohole im Labor herzustellen, ist die **Grignard-Reaktion** (◼ Abb. 6.6; ▶ Abschn. 5.5; ▶ Abschn. 11.4). Hierbei wird zunächst ein Halogenalkan mit Magnesium umgesetzt. Dabei insertiert das Magnesium in die Kohlenstoff-Halogen-Bindung. Das zuvor positiv polarisierte C-Atom (aufgrund der geringeren Elek-

Abb. 6.6 Beispiel für eine Grignard-Reaktion

tronegativität im Vergleich zum Halogen) wird dabei umgepolt und ist nun negativ polarisiert (aufgrund der höheren Elektronegativität im Vergleich zu Magnesium). Die Magnesiumorganyl-Verbindung wird dann mit einer Carbonylverbindung umgesetzt, wobei es zu einer nucleophilen Addition des C-Atomes des Magnesiumorganyls an das Carbonyl-C-Atom kommt. Nach anschließender Hydrolyse erhält man den gewünschten Alkohol. Aus Formaldehyd können dadurch primäre Alkohole hergestellt werden, aus Aldehyden sekundäre Alkohole und aus Ketonen oder Estern tertiäre Alkohole.

Analog zur Ethanolherstellung können auch andere Alkene mit Wasser zu Alkoholen hydratisiert werden. Auch hier wird eine Säure als Katalysator verwendet. Im ersten Schritt wird das Alken protoniert, wobei sich das stabilere Kation (nach Markownikow-Regel: H-Atom geht an das C-Atom, das *mehr* H-Atome trägt) bildet. Anschließend wird Wasser angelagert, und unter Abspaltung eines Protons bildet sich der Alkohol.

? Aufgabe 2

Welches Produkt bildet sich bei der säurekatalysierten Hydratisierung von 2-Methylbut-2-en?

Durch Addition von Boranen an Alkene und anschließende Hydrolyse erhält man Alkohole, die sozusagen bei H_2O-Addition nach Anti-Markownikow-Regel entstehen würden (**Abb. 6.7**). Bei dieser sogenannten **Hydroborierung** (entdeckt von Herbert C. Brown, Nobelpreis 1979) wird zuerst BH_3, welches normalerweise als Diboran (B_2H_6) vorliegt, an das Alken addiert. Die Addition erfolgt stereospezifisch syn, das bedeutet, dass Bor- und Wasserstoffatom von der gleichen Seite an die Doppelbindung addiert werden. Da Bor eine geringere Elektronegativität als Wasserstoff hat, bindet das positiv polarisierte Boratom dabei an das Kohlenstoffatom mit der größeren Anzahl an H-Atomen (BH_3 kann aufgrund der Elektronegativitäten quasi als H_2B^+ und H^--Fragment betrachtet werden, es würde sich also intermediär das stabilere Kation bilden, wenn das Boratom an das C-Atom bindet, das mehr H-Atome trägt). Es entsteht dann letztendlich das Anti-Markownikow-Produkt, da das H-Atom dadurch an das C-Atom, das *weniger* H-Atome trägt, gebunden wird. Außerdem wird das größere

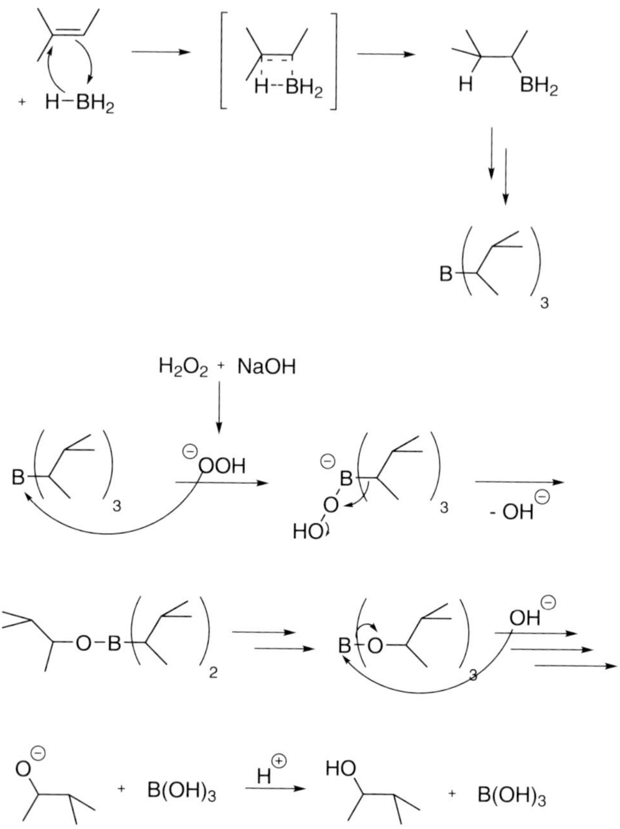

◘ Abb. 6.7 Hydroborierung von 2-Methyl-but-2-en

Boratom dadurch an der sterisch ungehinderten Seite addiert (die sterisch ungehinderte Seite ist die Seite, auf der mehr Platz ist, da sie weniger voluminöse Reste trägt). Das gebildete Alkylboran kann aufgrund der zwei verbleibenden H-Atome noch an zwei weitere Alkene addieren, sodass ein Trialkylboran entsteht. Durch anschließende Reaktion mit Wasserstoffperoxid und Natronlauge bilden sich die Alkoholmoleküle und als weiteres Produkt $B(OH)_3$.

Ein breites Spektrum an Synthesemöglichkeiten für Alkohole bietet die Reduktion von Carbonylen. Aldehyde, Carbonsäuren und Ester können durch Reaktion mit Lithiumaluminiumhydrid zu primären Alkoholen reduziert werden (**◘** Abb. 6.8). Aus Ketonen bilden sich bei Reduktion mit $LiAlH_4$ sekundäre Alkohole. Im ersten Schritt

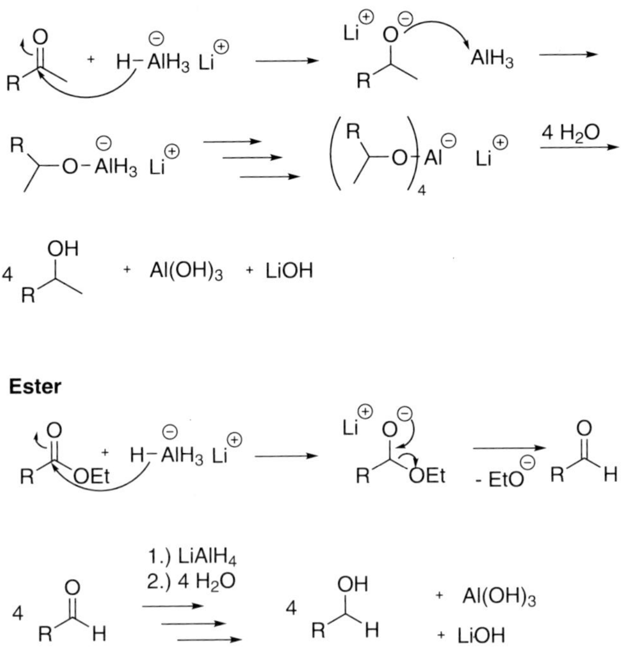

Ester

1.) LiAlH$_4$
2.) 4 H$_2$O

Abb. 6.8 Reduktion von Carbonylverbindungen mit Lithiumaluminiumhydrid

wird ein Hydrid von LiAlH$_4$ auf das positiv polarisierte Carbonylkohlenstoffatom übertragen. Das Alkoholat komplexiert dann an das Aluminiumatom. Dieser Vorgang wiederholt sich, bis alle Hydride des LiAlH$_4$ übertragen sind. Durch Hydrolyse entsteht dann den Alkohol. Bei den Estern spaltet sich nach der ersten Hydridübertragung das Alkoholat vom Alkoxid ab, sodass ein Aldehyd übrigbleibt. Dieses wird dann nochmals durch LiAlH$_4$ reduziert. Insgesamt werden also zwei Hydride für die Reduktion von Estern benötigt.

Mit dem milderen Reduktionsmittel Natriumborhydrid können selektiv nur Aldehyde und Ketone reduziert werden (**Abb. 6.9**). Auch hier findet im ersten Schritt die Übertragung eines Hydrids von NaBH$_4$ auf das Carbonyl-C-Atom statt. Das Alkoxid nimmt dann ein H$^+$ vom protischen Lösungsmittel (Lösungsmittel, das ein Proton abspalten kann, z. B. Ethanol) auf, und man erhält den gewünschten Alkohol.

Carbonsäuren können sehr gut mit BH$_3$ reduziert werden.

Eine weite Möglichkeit, Aldehyde und Ketone durch Hydridübertragung zu Alkoholen zu reduzieren, ist die **Meerwein-Ponndorf-Verley-Reduktion**. Die Carbonylverbindung wird hierbei mit Aluminiumisopropanolat umgesetzt, es entstehen der

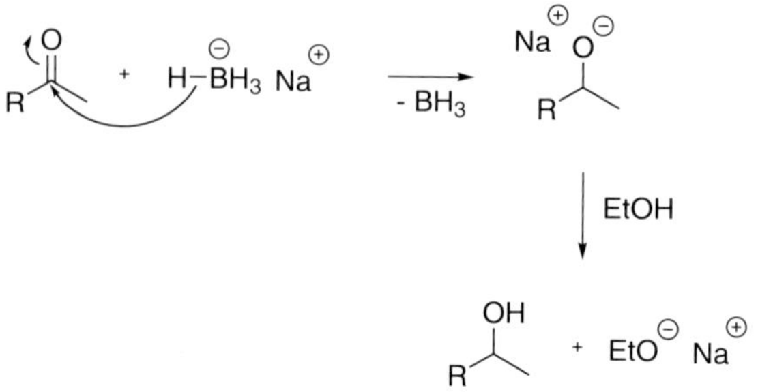

Abb. 6.9 Reduktion eines Ketons mit Natriumborhydrid

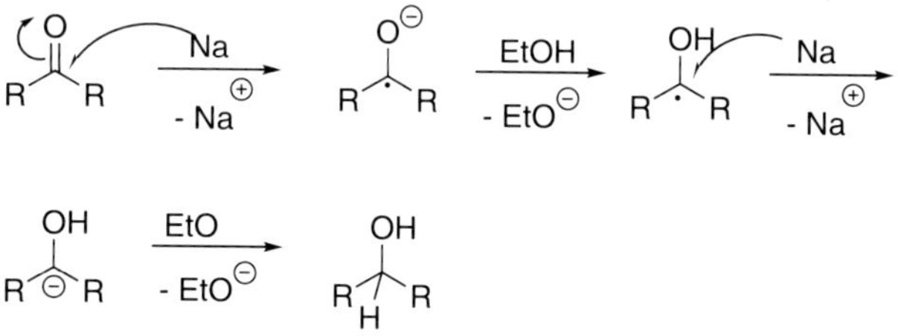

Abb. 6.10 Bouveault-Blanc-Reaktion

entsprechende Alkohol und Aceton. Auch die Rückreaktion, bei welcher der Alkohol wieder zur Carbonylverbindung oxidiert wird, ist möglich, sie heißt **Oppenauer-Oxidation**.

Zudem können Aldehyde und Ketone durch Hydrierung (▶ Abschn. 2.5, ▶ Abschn. 3.4) mit Wasserstoff reduziert werden. Platin oder Palladium dienen bei der Hydrierung als Katalysator.

Eine heutzutage weniger angewandte Reaktion ist die **Bouveault-Blanc-Reaktion**, bei der Carbonyle (Aldehyde, Ketone und Ester) mit elementarem Natrium in einem protischen Lösungsmittel reduziert werden können (**▢** Abb. 6.10). Im ersten Schritt findet dabei ein Ein-Elektronen-Transfer (SET, *single electron transfer*) von Natrium auf das Carbonyl-Kohlenstoffatom statt. Das Radikalanion nimmt dann ein Proton vom Lösungsmittel auf. Es folgt die Übertragung eines weiteren Elektrons auf das Kohlenstoffatom, wobei ein Carbanion entsteht. Durch erneute Aufnahme eines Protons vom Lösungsmittel bildet sich dann der gewünschte Alkohol.

Im Labor können Alkohole außerdem durch nucleophile Substitutionsreaktionen von Halogenalkanen mit NaOH hergestellt werden. OH⁻ ist hierbei das Nucleophil, welches das Halogenalkan angreift, das Halogenid wird dann als Abgangsgruppe abgespalten. Dieser Syntheseweg wird allerdings selten gewählt, da es bei den meisten Halogenalkanen aufgrund des basischen Milieus zu Eliminierungen als Nebenreaktion kommen kann.

◨ Abb. 6.11 Pyridiniumchlorochromat

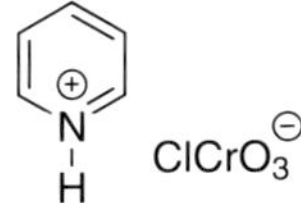

Pyridiniumchlorochromat

6.4 Typische Reaktionen der Alkohole

Bei Reaktion von Alkoholen mit Halogenwasserstoffen kommt es durch eine nucleophile Substitution zum Austausch der Hydroxygruppe gegen ein Halogenatom. Die OH-Gruppe wird dabei erst protoniert, sodass sich beim Angriff des Nucleophils Wasser als Abgangsgruppe abspaltet. Da H_2O eine bessere Abgangsgruppe als OH^- ist, läuft die Reaktion so schneller ab.

Besitzen Alkohole ein H-Atom in β-Position zur Hydroxygruppe, kann durch Eliminierung von Wasser ein Alken gebildet werden. Diese Reaktion ist die Rückreaktion zur Hydratisierung von Alkenen.

Durch Oxidation lassen sich primäre Alkohole in Aldehyde bzw. durch weitere Oxidation in Carbonsäuren überführen. Sekundäre Alkohole werden zu Ketonen oxidiert. Tertiäre Alkohole jedoch können nicht zu Carbonylverbindungen oxidiert werden. Als Oxidationsmittel können Kaliumpermanganat ($KMnO_4$), Kaliumdichromat ($K_2Cr_2O_7$) bzw. Chromtrioxid (CrO_3) in Schwefelsäure (**Jones-Oxidation**) oder Pyridiniumchlorochromat (PCC) verwendet werden (◨ Abb. 6.11, ◨ Abb. 6.12). Allerdings ist zu beachten, dass die Cr(VI)-Verbindungen stark toxisch sind.

Für den Mechanismus der Jones-Oxidation lassen sich verschiedene Möglichkeiten formulieren. Die hier dargestellte Möglichkeit verläuft über Chromtrioxid (◨ Abb. 6.12). Entweder wird CrO_3 direkt mit Schwefelsäure in der Reaktion eingesetzt, oder es wird Kaliumdichromat in Schwefelsäure verwendet, wobei sich CrO_3 *in situ* bildet. Greift der Alkohol das CrO_3 nucleophil an, so bildet sich zunächst ein Chromatester. Dieser zerfällt in das Carbonyl und eine Cr(IV)-Spezies.

Die gebildete Cr(IV)-Spezies kann mit Cr(VI) (hier das CrO_3) in einer Komproportionierung zu einer Cr(V)-Spezies reagieren. Cr(V) kann den Alkohol ebenfalls oxidieren, sodass sich am Ende eine Cr(III)-Spezies bildet. Der Fortschritt der Reaktion kann deshalb anhand des Farbumschlages beobachtet werden, da das eingesetzte Cr(VI) orange ist, das gebildete Cr(III) jedoch grün.

Mildere und weniger toxische Oxidationsmittel werden bei der **Swern-Oxidation** (Oxidationsmittel: Dimethylsulfoxid, sowie Zusatz von Oxalylchlorid und Triethylamin) oder der **Dess-Martin-Oxidation** (Oxidationsmittel: Dess-Martin-Periodinan) verwendet. Bei beiden Reaktionen kann zudem die partielle Oxidation des primären Alkohols zum Aldehyd erreicht werden, ohne dass die Weiteroxidation zur Carbonsäure stattfindet.

Abb. 6.12 Jones-Oxidation

? Aufgabe 3

Welche Stoffklassen entstehen jeweils bei der Oxidation von primären, sekundären und tertiären Alkoholen?

Werden Alkohole zuerst durch eine Base in Alkoxide überführt, welche dann mit Halogenalkanen reagieren, so bilden sich Ether (**Williamson-Ethersynthese**, ▶ Kap. 7).

Bei der Umsetzung von Alkoholen mit Carbonsäuren entstehen Ester (▶ Kap. 11). Auch bei der Umsetzung von anorganischen Säuren, wie Schwefelsäure, Salpetersäure oder Phosphorsäure, mit Alkoholen kommt es zur Veresterung. Es bilden sich die entsprechenden Ester je nach eingesetzter Säure (Schwefelsäureester, Salpetersäureester oder Phosphorsäureester).

6.5 Diole, Triole und Polyole

Alkohole, die zwei Hydroxygruppen besitzen, werden als Diole bezeichnet. Besitzt der Alkohol drei oder mehr Hydroxygruppen, lautet die Bezeichnung entsprechend Triol bzw. Polyol (■ Abb. 6.13).

Ein Beispiel für ein vicinales Diol (die Hydroxygruppen hängen an benachbarten C-Atomen) ist Ethylenglycol. Es wird als Frostschutzmittel und zur Synthese des Kunststoffes Polyethylenterephthalat (PET) verwendet. Allgemein werden die 1,2-Diole auch Glycole genannt. Sie leiten sich alle vom Ethylengylcol ab, weshalb dieses auch als „das Glycol" bezeichnet wird. Für tertiäre 1,2-Diole wird die Bezeichnung Pinakole verwendet. Der einfachste Vertreter dieser Art, das 2,3-Dimethylbutan-2,3-diol, wird auch „das Pinakol" genannt.

◘ **Abb. 6.13** Beispiele für Diole und Triole

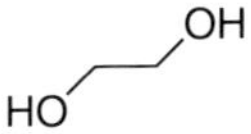

Ethan-1,2-diol
Ethylenglycol
(das Glycol)

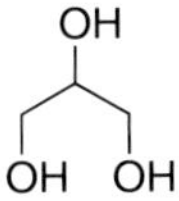

Propan-1,2,3-triol
Glycerin

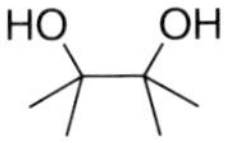

2,3-Dimethylbutan-2,3-diol
Pinakol

Glycerin ist ein Triol, welches ebenfalls als Frostschutzmittel verwendet wird. Außerdem findet es Anwendung als Feuchthaltemittel. Glycerin ist in Fetten enthalten. Es ist durch Veresterung mit Fettsäuren in den Trigylceriden (Fetten) gebunden.

6.5.1 Darstellung von 1,2-Diolen

1,2-Diole können durch Dihydroxylierung aus Alkenen hergestellt werden. Diese Oxidation kann entweder mit Kaliumpermanganat ($KMnO_4$) oder mit Osmiumtetroxid (OsO_4) durchgeführt werden. Hier abgebildet ist der Mechanismus mit Osmiumtetroxid (◘ Abb. 6.14). OsO_4 wird zuerst stereospezifisch syn an das Alken addiert, wobei das Osmiumatom von Os(VIII) zu Os(VI) reduziert wird. Durch Hydrolyse bildet sich dann das Diol, wobei das Wasser am Osmium angreift und nicht am C-Atom des Cyclohexanrings. Bei Cycloalkenen, wie hier im Beispiel Cyclohexen, bilden sich deshalb stereospezifisch cis-1,2-Diole. Bei acyclischen Verbindungen bleibt die ursprüngliche syn-Stellung der OH Gruppen nicht erhalten, da Rotation um die C–C-Bindung stattfinden kann. Os(VI) kann durch *N*-Methylmorpholin-*N*-oxid (NMO) wieder zu Os(VIII) oxidiert werden, sodass nur katalytische Mengen des teuren Osmiums notwendig sind. Mit Kaliumpermanganat läuft der Mechanismus analog ab, das Mangan wird bei der Addition an das Alken von Mn(VII) zu Mn(V) reduziert.

(*Anmerkung* zu den Begriffen cis/trans und syn/anti: Cis und trans werden verwendet, wenn die Orientierung von den beiden Gruppen fixiert ist und somit cis und trans Form nicht durch Rotation in einander überführt werden können. Syn und anti werden verwendet, wenn die Orientierung der beiden Gruppen nicht fixiert ist, sie können durch Bindungsrotation in einander überführt werden.)

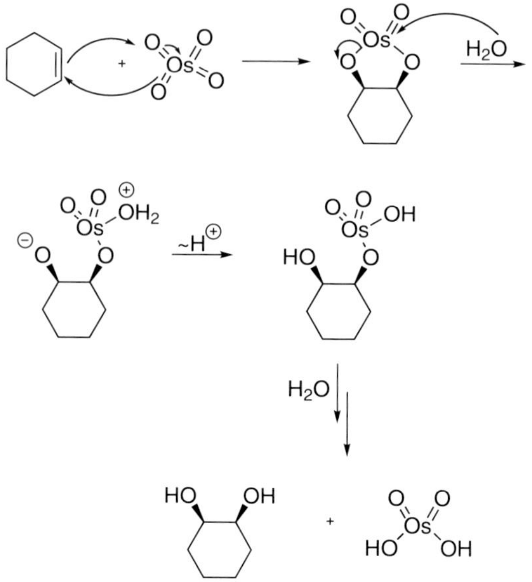

◘ Abb. 6.14 Dihydroxylierung von Cyclohexen mit Osmiumtetroxid

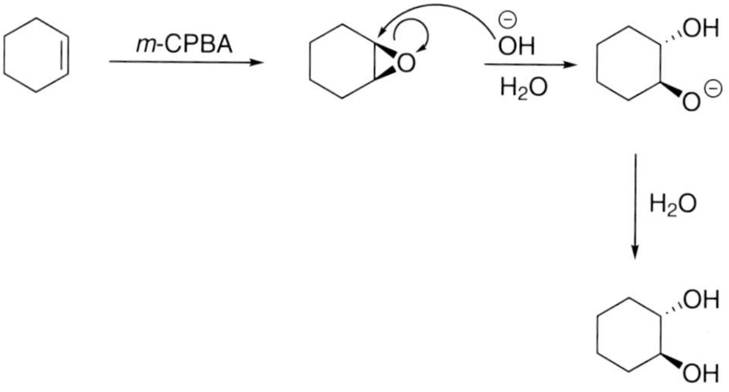

◘ Abb. 6.15 Epoxidöffnung von Cyclohexenoxid zu *trans*-1,2-Cyclohexandiol

Wollen wir ein 1,2-Diol herstellen, bei dem die Hydroxygruppen trans zueinander stehen, so können wir dies durch säure- oder basenkatalysierte Hydrolyse von Epoxiden erreichen (◘ Abb. 6.15). Das Epoxid bilden wir durch Oxidation des Alkens mit *meta*-Chlorperbenzoesäure (*m*-CPBA), Peroxybenzoesäure oder Peroxyessigsäure. Das Hydroxid öffnet dann durch eine S_N2-Reaktion mit einem nucleophilen Rück-

◘ Abb. 6.16 Die Pinakol-Kupplung

seitenangriff das Epoxid, wodurch bei Cycloalkenen stereospezfisch das trans-1,2-Diol entsteht. Bei acyclischen Verbindungen bleibt auch hier die anti-Stellung der OH-Gruppen aufgrund von Rotation nicht erhalten.

Ketone oder Aldehyde können durch Reaktion mit metallischem Magnesium zu 1,2-Diolen reduziert werden. So lässt sich mit dieser **Pinakol-Kupplung** z. B. aus Aceton 2,3-Dimethylbutan-2,3-diol herstellen (◘ Abb. 6.16). Aceton wird mit Magnesium in einem aprotischen Lösungsmittel (z. B. Benzol) umgesetzt, dabei erfolgt ein Ein-Elektronen-Transfer von Magnesium auf das π^*-Orbital der CO-Bindung. Es bilden sich Radikalanionen, die sich einander allerdings aufgrund der elektrostatischen Abstoßung der negativen Ladungen nicht annähern können. Durch Koordination des Mg^{2+} an die Sauerstoffatome von zwei Radikalanionen gelingt jedoch eine Annäherung. Die beiden Radikale reagieren miteinander, es kommt zur C–C-Bindungsknüpfung. Nach saurer Hydrolyse kann das Produkt erhalten werden. Wichtig ist, dass die Reaktion in einem aprotischen Lösungsmittel durchgeführt wird, da sonst das Radikalanion protoniert wird und sich der Alkohol bildet, bevor eine Kupplung stattfinden kann (s. Bouveault-Blanc-Reaktion, ◘ Abb. 6.10).

6.5.2 Abbau von 1,2-Diolen

Durch die Glycolspaltung können 1,2-Diole in zwei Carbonylverbindungen gespalten werden (◘ Abb. 6.17). Als Oxidationsmittel dienen dabei Orthoperiodsäure (H_5IO_6), Metaperiodsäure (HIO_4) oder Bleitetraacetat ($Pb(OAc)_4$). Das Diol bindet an das Bleiatom, wobei es zur zweimaligen Abspaltung von Essigsäure kommt. Das cyclische Intermediat zerfällt dann durch Ringöffnung in zwei Carbonyle und Blei(II)-acetat.

Durch eine **Pinakol-Umlagerung** können tertiäre 1,2-Diole (Pinakole) unter Wasserabspaltung zum Keton umgelagert werden (◘ Abb. 6.18). Als Katalysator wird dabei eine Säure benötigt. Sind verschiedene Reste an den zwei Kohlenstoffatomen gebunden, so bildet sich als Intermediat immer das stabilere Carbeniumion. (Ein Carbeniumion ist ein Molekül, das ein positiv geladenes Kohlenstoffatom besitzt, wobei

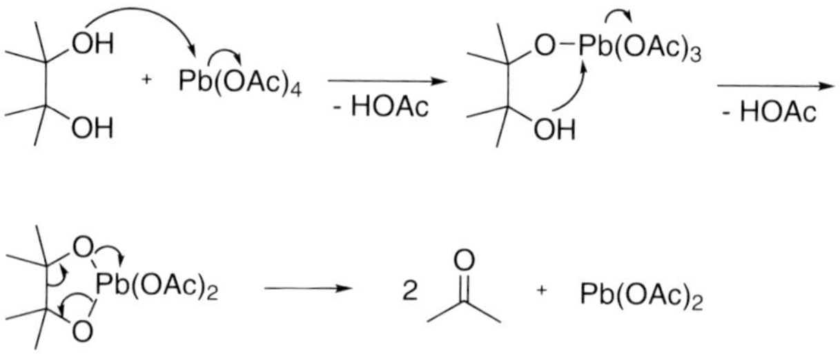

Abb. 6.17 Glycolspaltung mittels Beitetraacetat

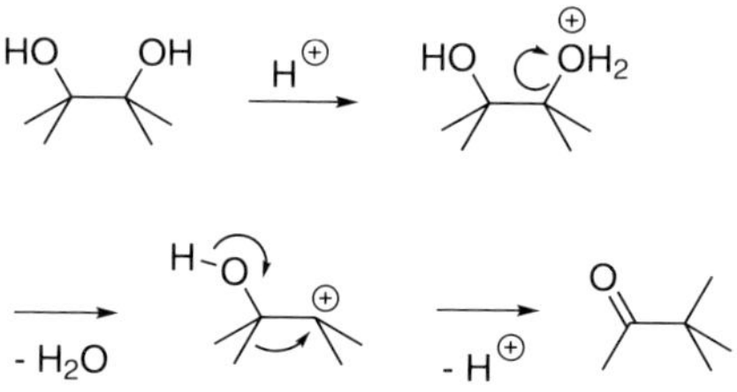

Abb. 6.18 Pinakol-Umlagerung von 2,3-Dimethyl-2,3-butandiol

dieses Kohlenstoffatom drei Reste trägt. Die Stabilität nimmt vom primären ($^+CH_2R$) zum sekundären ($^+CHR_2$) zum tertiären ($^+CR_3$) Carbeniumion zu.)

6.6 Phenole

Wie bereits erwähnt, ist bei den Phenolen eine oder mehrere Hydroxygruppen an einen Aromaten gebunden (■ Abb. 6.19). Die einfachste Verbindung, bei der die OH-Gruppe an Benzol gebunden ist, wird Phenol genannt. Weitere Beispiele: Bei Brenzcatechin (1,2-Dihydroxybenzol), Resorcin (1,3-Dihydroxybenzol) und Hydrochinon (1,4-Dihydroxybenzol) sind zwei Hydroxygruppen am Benzolring gebunden. Bei den Kresolen trägt der Benzolring neben der Hydroxygruppe noch eine Methylgruppe.

Die wichtigste technische Syntheseroute zur Herstellung von Phenol ist, neben der Destillation von Steinkohlenteer, die **Hock'sche Phenolsynthese** (auch Hock-Prozess oder Cumolhydroperoxid-Verfahren genannt). Der Mechanismus dieser Reaktion ist in ■ Abb. 6.20 dargestellt. Im ersten Schritt wird Cumol (Isopropylbenzol) aus Benzol und Propen unter Zugabe einer Säure hergestellt. Dieses wird durch Luftsauerstoff oxidiert, die Reaktion läuft aufgrund des diradikalischen Charakters von O_2 radikalisch ab. Es bildet sich ein Hydroperoxid, welches dann mit Säure versetzt wird.

■ Abb. 6.19 Beispiele für Phenole

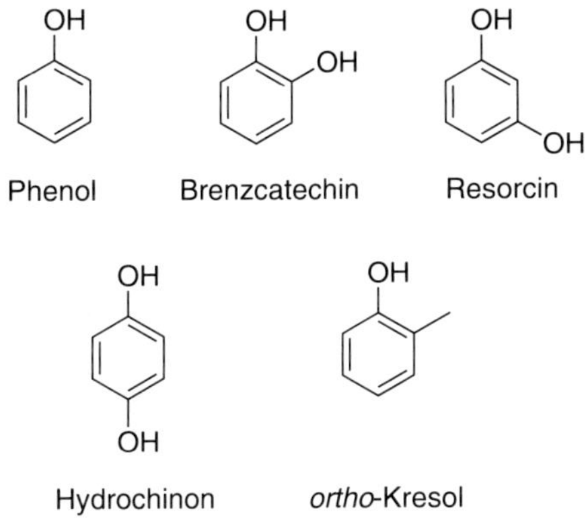

Das Hydroperoxid wird protoniert und lagert sich unter Abspaltung von Wasser zu einem tertiären Carbokation um. Dieses wird dann von H_2O angegriffen. Nach einem Protonentransfer zerfällt die Verbindung unter Abspaltung von H^+ in Phenol und Aceton. Da sowohl Phenol als auch Aceton Grundchemikalien sind, die zur Synthese vieler Stoffe gebraucht werden, ist die Reaktion sehr effektiv und läuft ohne Bildung eines Abfallproduktes ab.

Phenole können auch aus Chlorbenzol oder Benzolsulfonsäure durch Reaktion mit Natriumhydroxid bei hohen Temperaturen hergestellt werden. Es findet eine nucleophile aromatische Substitution statt. Bei der sogenannten Phenolverkochung werden Phenole aus Aryldiazoniumsalzen, welche mit Wasser umgesetzt werden, hergestellt.

Phenole können, wie die aliphatischen Alkohole, auch verethert und verestert werden.

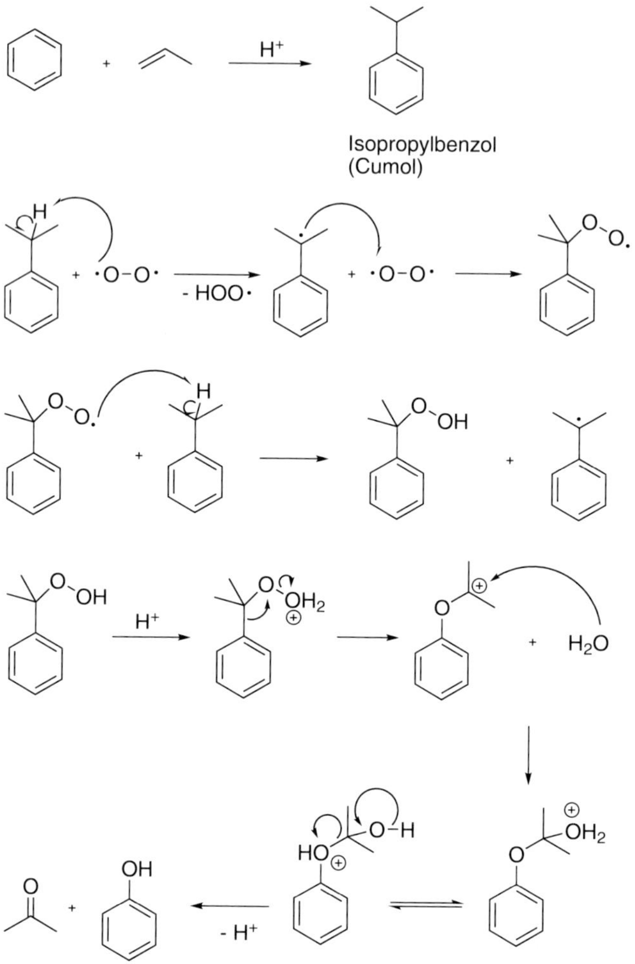

Isopropylbenzol
(Cumol)

- HOO·

+ H_2O

- H^+

☐ **Abb. 6.20** Hock'sche Phenolsynthese

✓ Lösungen zu den Aufgaben

Lösung 1

a) Hexan-3-ol

b) 2,2-Dimethylpropan-1-ol

c) Pentan-2,4-diol

d) Cyclohexanol

e) 2-Chlor-4-methylpentan-3-ol

Lösung 2

Hydratisierung von 2-Methyl-but-2-en:

2-Methylbutan-2-ol

Lösung 3

Primäre Alkohole → Aldehyde → Carbonsäuren

Sekundäre Alkohole → Ketone

Tertiäre Alkohole können nicht zu Carbonylverbindungen oxidiert werden (außer es wird dabei das Kohlenstoffgerüst zerstört).

Weiterführende Literatur

Breitmaier E, Jung G (2012) Organische Chemie. Thieme, Stuttgart

Clayden J, Greeves N, Warren S, Wothers P (2013) Organische Chemie. Springer, Heidelberg

Freissmuth M, Offermanns S, Böhm S (2012) Pharmakologie und Toxikologie – Von den molekularen Grundlagen zur Pharmakotherapie. Springer, Berlin Heidelberg

Latscha HP, Klein HA (2008) Chemie Basiswissen II – Organische Chemie. Springer, Berlin Heidelberg

Seite „Cumolhydroperoxid-Verfahren". In: Wikipedia, Die freie Enzyklopädie. Bearbeitungsstand: 13. September 2014, 13:58 UTC. URL: https://de.wikipedia.org/wiki/Cumolhydroperoxid-Verfahren (Abgerufen: 06. April 2016, 14:12 UTC)

Vollhardt KPC, Schore NE (2011) Organische Chemie. Wiley-VCH, Weinheim

Ether

Stefanie Federle, Stefanie Hergesell, Sebastian Schubert

© Springer-Verlag GmbH Deutschland 2017
S. Federle, S. Hergesell, S. Schubert, *Die Stoffklassen der organischen Chemie*,
https://doi.org/10.1007/978-3-662-54968-1_7

Die Stoffklasse der Ether besitzt die allgemeine Strukturformel R–O–R'. Ether können sehr leicht durch die Williamson-Ethersynthese aus Alkoholaten und Halogenalkanen hergestellt werden. Sie werden hauptsächlich in der organischen Synthesechemie als Lösungsmittel eingesetzt.

7.1 Allgemeines und Definition

> Die Stoffklasse der Ether zeichnet sich dadurch aus, dass an ein Sauerstoffatom zwei Alkylreste gebunden sind (R–O–R'). Ether sind somit Abkömmlinge der Alkohole, bei denen das Hydroxy-H-Atom durch eine Alkylgruppe ersetzt wurde. Aufgrund der fehlenden Hydroxygruppe weisen Ether jedoch grundlegend andere Eigenschaften auf als Alkohole.

Nach IUPAC-Nomenklatur werden Ether so benannt, dass die längere Alkylkette am Sauerstoffatom als Stamm des Moleküls betrachtet wird und die kürzere Alkylkette als Alkoxyrest (R–O–) vor den Namen des Molekülstamms gestellt wird. Gebräuchlich ist auch die Benennung, indem die zwei Alkylketten in zunehmender Größe vor die Endung -ether gestellt werden. Cyclische Ether werden nach der Hantzsch-Widman-Nomenklatur benannt. Hierbei wird im Fall der Ether die Vorsilbe „Oxa-" (für das Sauerstoffatom im Ring) vor die Endung gestellt, die sich dann nach der Ringgröße und Sättigung des Rings richtet.

Einige der am häufigsten verwendeten Ether sind in ◼ Abb. 7.1 dargestellt.

7.2 Physikalische und chemische Eigenschaften der Ether

Da Ether keine OH-Gruppe tragen und somit auch keine Wasserstoffbrücken ausbilden können, besitzen sie deutlich niedrigere Siedepunkte als Alkohole (▶ Abschn. 6.2). Dimethylether hat zum Beispiel einen Siedepunkt von −24 °C und Diethylether einen Siedepunkt von 35 °C. Aufgrund der polaren C–O-Bindung besitzen Ether jedoch ein geringes Dipolmoment, sodass ihre Siedepunkte wegen Dipol-Dipol-Wechselwirkungen etwas höher sind als die der vergleichbaren Alkane (▶ Abschn. 1.5).

Ether sind reaktionsträge und eignen sich gut als Lösungsmittel für organische Substanzen. Sie werden deshalb auch zur Extraktion von organischen Substanzen aus Feststoffen oder aus wässriger Lösung („Ausethern") verwendet.

❗ Achtung
Diethylether ist eine leicht flüchtige und hochentzündliche Flüssigkeit. Gemische aus Diethylether und Luft sind explosiv. Beim Arbeiten mit Diethylether ist außerdem zu beachten, dass Ether-Luft-Gemische schwerer als Luft sind. Unter

◘ Abb. 7.1 Einige der wichtigsten Etherverbindungen

Ethoxyethan
Diethylether

2-Methoxy-2-methylpropan
Methyl-*tert*-butylether (MTBE)

Oxiran
Ethylenoxid

Oxolan
Tetrahydrofuran (THF)

1,4-Dioxan

1,2-Dimethoxyethan (DME)

Methoxybenzol
Methylphenylether
Anisol

Licht- und Sauerstoffeinfluss kann Diethylether außerdem explosive Peroxide bilden (▶ Abschn. 7.4). Diethylether hat eine narkotisierende Wirkung und wurde deshalb früher auch als Narkosemittel verwendet.

In der Natur kommen Ether vor allem in Kohlenhydraten sowie in Duft- und Aromastoffen vor.

Des Weiteren sind Ether Schutzgruppen für Alkoholfunktionen. Soll eine Hydroxygruppe eines Moleküls geschützt werden, so kann dies durch Veretherung geschehen.

7.3 Darstellung und Verwendung der Ether

Die wohl bekannteste Methode Ether zu synthetisieren ist die **Williamson-Ethersynthese** (◘ Abb. 7.2). Hierbei wird ein Alkoholat mit einem Halogenalkan umgesetzt. Durch eine S_N2-Reaktion kommt es zur Bildung des Ethers. Alkoholate können aus primären, sekundären und tertiären Alkoholen hergestellt werden, indem sie mit ele-

$$2\ R\text{-OH} + 2\ Na \xrightarrow[-H_2]{} 2\ R\text{-O}^{\ominus}\ Na^{\oplus}$$

$$R\text{-O}^{\ominus}\ Na^{\oplus} + R'\text{-X} \xrightarrow{S_N2} R\text{-O-}R' + NaX$$

mentarem Natrium umgesetzt werden. Als Halogenalkane können nur primäre Halogenalkane eingesetzt werden. Bei sekundären und tertiären Halogenalkanen findet eine Elimierungsreaktion statt, bei der das Alkoholat als starke Base wirkt, sodass es zu einer Dehydrohalogenierung des Halogenalkans kommt. Auch Phenolate können durch diese Methode mit Halogenalkanen zu Phenolethern umgesetzt werden.

Ebenfalls möglich ist die Bildung von cyclischen Ethern durch intramolekulare Reaktion von Halogenalkoholen. Auch hier wird zuerst das Alkoholat gebildet, welches dann das C-Atom der C–X-Einheit im selben Molekül nucleophil angreift. Unter Abspaltung des Halogenids entsteht der ringförmige Ether. Es ist allerdings zu beachten, dass in verdünnter Lösung gearbeitet werden muss, um die intermolekulare Reaktion zu unterbinden. Bei hohen Konzentrationen ist es so, dass das gebildete Alkoholatmolekül schneller ein anderes Molekül trifft, mit dem es eine S_N2-Reaktion eingehen kann, als dass es sich sterisch so anordnet, dass eine intramolekulare Reaktion stattfinden kann. Bei hohen Verdünnungen jedoch trifft das Alkoholat nicht so schnell auf ein anderes Molekül. Es hat also Zeit, sich so anzuordnen, dass eine intramolekulare S_N2-Reaktion vom Alkoholat mit der C–X-Gruppe desselben Moleküls stattfinden kann.

Eine Darstellungsmethode für symmetrische Ether ist die bimolekulare Dehydratisierung von Alkoholen (Abb. 7.3). Als Dehydratisierungsmittel werden starke, nicht nucleophile Säuren wie Schwefelsäure, Phosphorsäure oder Borsäure eingesetzt, sodass die Wasserabspaltung säurekatalysiert abläuft.

Bei sekundären Alkoholen konkurriert die bimolekulare Dehydratisierung mit der monomolekularen Dehydratisierung, welche zur Bildung von Alkenen führt (Abb. 7.4). Es können also Produktgemische auftreten. Bei tertiären Alkoholen überwiegt meist die Alkenbildung.

Alkylmethylether oder Phenylmethylether können durch Veretherung des entsprechenden Alkohols mit Diazomethan hergestellt werden (Abb. 7.5). Diese Reaktion ist gut mit primären und sekundären Alkoholen durchführbar. Im ersten

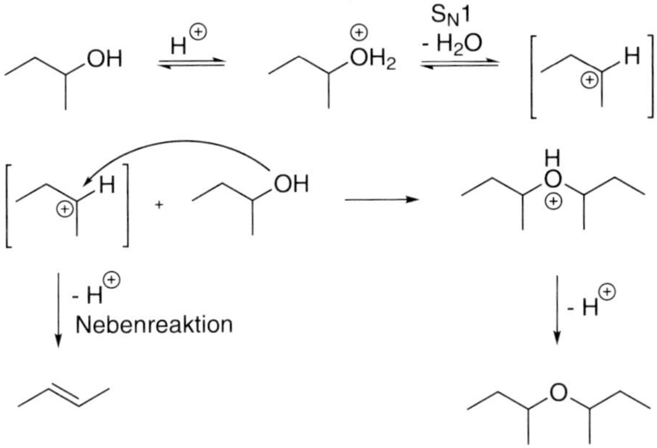

Abb. 7.4 Säurekatalysierte Dehydratisierung von 2-Butanol über eine S_N1-Reaktion und Bildung von 2-Buten als Nebenreaktion

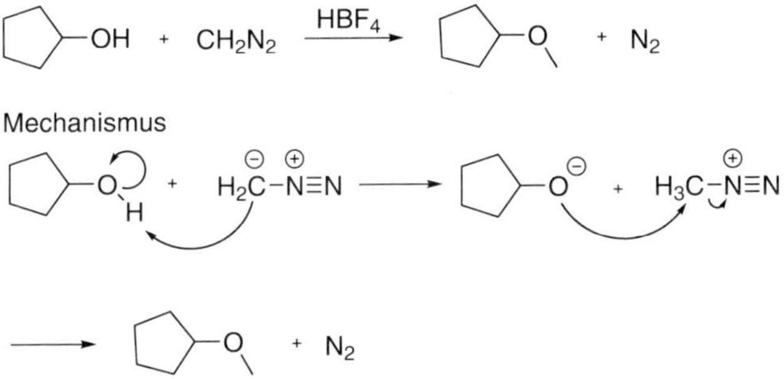

Abb. 7.5 Synthese von Methylethern mittels Diazomethan

Mechanismus

Schritt wird der Alkohol durch Diazomethan deprotoniert. Der Zusatz von Tetrafluoroborsäure, welche durch Koordination an das O-Atom das H-Atom stärker acidifiziert, erleichtert dabei die Abspaltung des Protons. Bei den stärker sauren Phenolen wird kein Katalysator benötigt. Das gebildete Alkoxid greift dann das Diazomethan an, wobei N_2 als gute Abgangsgruppe abgespalten wird. Auch andere Verbindungen mit aciden H-Atomen können analog mit Diazomethan methyliert werden. Diazomethan muss jedoch sehr sorgfältig gehandhabt werden, da es ein giftiges und explosives Gas ist. In Lösung (z. B. in Diethylether) oder in der Kälte ist es jedoch relativ gut handhabbar.

So wie Alkohole durch Addition von Wasser an Alkene hergestellt werden können (► Abschn. 7.2), kann die Ethersynthese durch Addition von Alkoholen an Alkene erfolgen. Auch hier wird eine Säure als Katalysator benötigt. In **Abb. 7.6** ist als Beispiel die Addition eines Alkohols an Ethen dargestellt.

Zu den technisch relevanten Ethersynthesen gehören die Synthesen von Diethylether und Methyl-*tert*-butylether (MTBE). Diethylether wird durch säurekatalysierte

Abb. 7.6 Säurekatalysierte Addition eines Alkohols an Ethen

Abb. 7.7 Technische Synthese von MTBE aus Isobuten und Methanol

Dehydratisierung aus Ethanol hergestellt, wobei Schwefelsäure als Katalysator verwendet wird. Diethylether fällt außerdem als Nebenprodukt bei der schwefelsäurekatalysierten Ethanolsynthese aus Ethen an.

MTBE, welches als organisches Lösungsmittel verwendet und Kraftstoffen als Antiklopfmittel zugesetzt wird, kann im industriellen Maßstab durch säurekatalysierte Addition von Methanol an Isobuten hergestellt werden (**Abb. 7.7**).

7.4 Typische Reaktionen der Ether

Ether können nur durch Umsetzung mit starken nucleophilen Säuren wieder gespalten werden, wobei vor allem Iodwasserstoff (HI) oder Bromwasserstoff (HBr) als Säuren verwendet werden (**Abb. 7.8**). Im ersten Schritt wird das Sauerstoffatom des Ethers protoniert. Bei Ethern mit primären Alkylgruppen erfolgt dann der Angriff des nucleophilen Halogenids durch eine S_N2-Reaktion. Es bildet sich das Halogenalkan, und Alkohol wird abgespalten. Der Angriff des Halogenids erfolgt am sterisch weniger gehinderten Alkylrest. Bei einem Überschuss an Säure kann der Alkohol unter Wasserabspaltung ebenfalls in das Halogenalkan umgewandelt werden. Bei tertiären Alkylresten läuft die Spaltung der Dialkyloxoniumverbindung nach dem S_N1-Mechanismus ab. Zunächst wird der Alkohol als Abgangsgruppe abgespalten, sodass sich das stabilere tertiäre Carbokation bildet, welches dann durch das nucleophile Halogenid abgefangen wird. Als Nebenreaktion kann es auch zur H^+-Eliminierung und somit zur Alkenbildung kommen. Bei sekundären Alkylresten kann die Etherspaltung, abhängig von den vorliegenden Bedingungen, nach S_N1 oder S_N2 ablaufen.

Über S_N2 Reaktion

Folgereaktion

Über S_N1 Reaktion

▫ Abb. 7.8 Etherspaltung mittels HBr über S_N2-Reaktion bei primären Alkylgruppen und über S_N1-Reaktion bei tertären Alkylgruppen

Ether, die ein H-Atom in α-Stellung zum Sauerstoffatom besitzen, können mit Sauerstoff unter Lichteinwirkung Hydroperoxide bilden (▫ Abb. 7.9). Ein H-Radikal in α-Position wird durch Triplett-Sauerstoff, der ein Diradikal ist, unter Lichteinstrahlung abgespalten. Das gebildete Radikal wird durch Mesomerie unter Einbeziehung des O-Atoms stabilisiert. Durch eine weitere Reaktion mit Sauerstoff bildet sich zunächst ein Peroxyradikal und anschließend durch Abstraktion eines H-Atoms das Hydroperoxid. Diese Etherhydroperoxide sind sehr gefährlich, da sie sich spontan explosionsartig zersetzen. Um die Peroxidbildung zu vermeiden, müssen Ether in dunklen Flaschen über Kaliumhydroxidplätzchen oder einem Reduktionsmittel wie Zn oder Fe^{2+} aufbewahrt werden. Mit Kaliumhydroxid werden die Hydroperoxide deprotoniert. Das gebildete Kaliumsalz ist nicht in Ether löslich und fällt aus. Mit Fe^{2+} kommt es zu einer Redoxreaktion, bei der das Hydroperoxid zum Alkohol reduziert wird und das Eisen zu Fe^{3+} oxidiert wird.

Die Hydroperoxide können mit saurer Kaliumiodidlösung nachgewiesen werden. Dabei wird das Iodid zu elementarem Iod oxidiert und das Peroxid zum Alkohol reduziert. Die Lösung färbt sich bei Vorhandensein von Peroxiden aufgrund der Bildung von Iod braun.

Etherhydroperoxid

Nachweis von Hydroperoxiden

$$R-O-OH \;+\; 2\,I^{\ominus} \;+\; 2\,H^{\oplus} \longrightarrow R-OH \;+\; I_2 \;+\; H_2O$$

Entfernung von Hydroperoxiden

$$R-O-OH \;+\; KOH \longrightarrow R-O-O^{\ominus}K^{\oplus}\downarrow \;+\; H_2O$$

$$R-O-OH \;+\; 2\,Fe^{2+} \;+\; 2\,H^{\oplus} \longrightarrow R-OH \;+\; 2\,Fe^{3+} \;+\; H_2O$$

Abb. 7.9 Peroxidbildung am Beispiel von Diethylether, sowie Peroxid Nachweis und Abfangen von Peroxiden

7.5 Epoxide

Epoxide, auch Oxirane oder Oxacyclopropane genannt, sind cyclische Ether, die einen Cyclopropanring enthalten, bei dem ein C-Atom gegen ein Sauerstoffatom ausgetauscht ist. Das einfachste Epoxid ist Ethylenoxid (auch Oxiran genannt). Es kann recht einfach aus Ethen und Sauerstoff hergestellt werden. Silber ist als heterogener Katalysator für die Reaktion notwendig (**Abb. 7.10**).

Andere Epoxide lassen sich am besten durch Umsetzung von Alkenen mit Peroxysäuren herstellen (**Prileschajew-Reaktion; Abb. 7.11**). Als Peroxysäuren werden häufig *meta*-Chlorperbenzoesäure (*m*-CPBA), Peroxybenzoesäure oder Peroxyessigsäure verwendet, wobei letztere *in situ* aus Essigsäure und Wasserstoffperoxid hergestellt werden kann. Das Peroxy-O-Atom wird durch eine pericyclische Reaktion an die Doppelbindung addiert. Die Konfiguration des Alkens bleibt dabei erhalten, sodass aus trans-Alkenen dann trans-Epoxide und aus cis-Alkenen entsprechend cis-Epoxide entstehen.

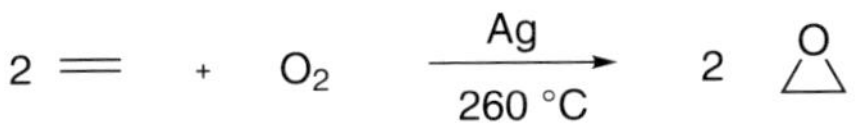

Abb. 7.10 Technische Synthese von Ethylenoxid aus Ethen und Sauerstoff

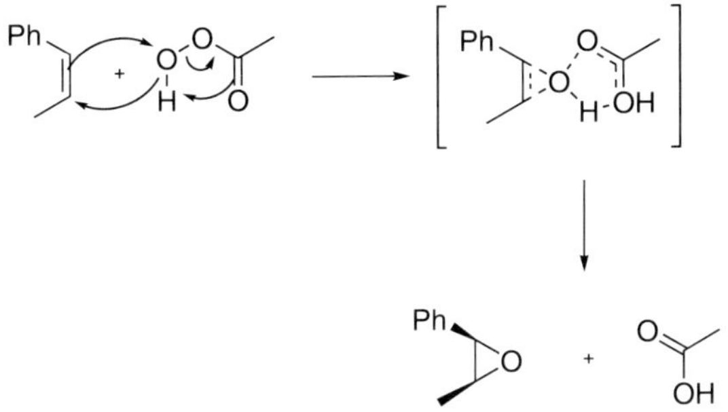

Abb. 7.11 Prileschajew-Reaktion zur Epoxidierung von *cis*-1-Phenyl-1-propen mittels Peroxyessigsäure

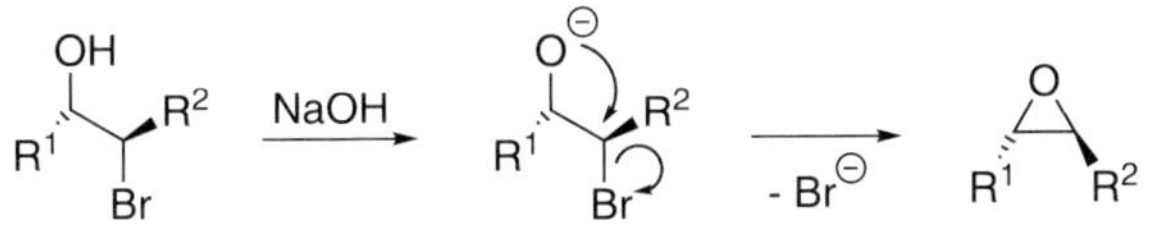

Abb. 7.12 Epoxidsynthese ausgehend von einem Halohydrin

Die enantioselektive Synthese von Epoxiden aus Alkenen kann durch die **Sharpless-Epoxidierung** oder die **Jacobsen-Katsuki-Epoxidierung** erfolgen. Bei der Sharpless-Epoxidierung werden Allylalkohole mit *tert*-Butylhydroperoxid und einem chiralen Titankatalysator enantioselektiv epoxidiert. Bei der Jacobsen-Katsuki-Epoxidierung werden *cis*-Alkene mit NaOCl und einem chiralen Mangan-Salen-Katalysator zum gewünschten Epoxid umgesetzt.

Eine weitere Möglichkeit, Epoxide herzustellen, ist die bereits erwähnte intramolekulare Williamson-Ethersynthese. Ausgehend von einem Halohydrin (ein Alkohol, der benachbart zur OH-Gruppe ein Halogen trägt) kann durch Reaktion mit einer Base, wie z. B. NaOH, zunächst das Alkoxid gebildet werden. Dieses greift dann durch einen Rückseitenangriff in einer S_N2-Reaktion das benachbarte C-Atom an und das Halogenid wird abgespalten (◘ Abb. 7.12).

Die Ringöffnung von Epoxiden kann relativ leicht durch Reaktion mit Nucleophilen erreicht werden (◘ Abb. 7.13). Obwohl das Alkoxid ($-O^-$) eigentlich eine schlechte Abgangsgruppe ist, läuft die Reaktion ab, da die Ringspannung des Dreiringes abge-

Basische Epoxidöffnung

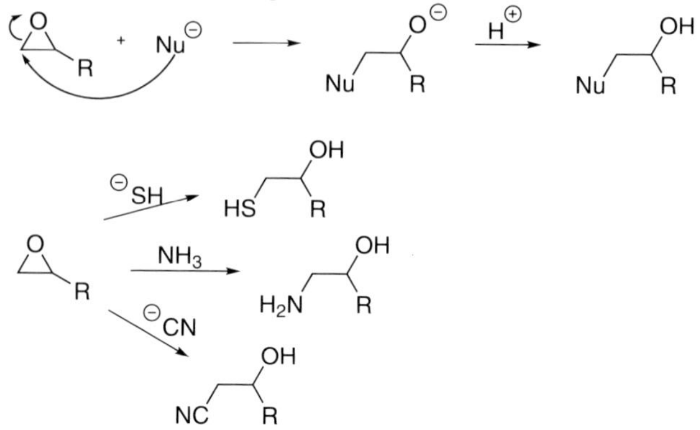

Saure Epoxidöffnung

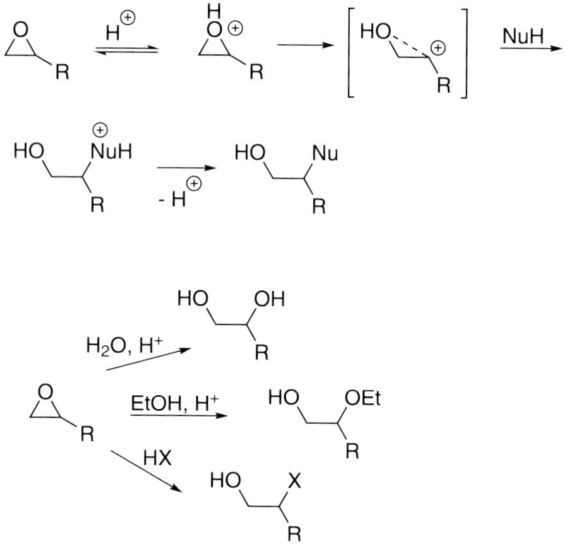

◘ Abb. 7.13 Mechanismus und Beispiele für die basische und saure Epoxidöffnung

⬛ Abb. 7.14 Polyether

Polyethylenglycol   Polypropylenglycol

baut wird. Der Angriff des Nucleophils (S_N2-Reaktion) erfolgt regioselektiv am sterisch weniger gehinderten C-Atom. Wird die Epoxidöffnung säurekatalysiert durchgeführt, so wird das Epoxid-Sauerstoffatom zuerst protoniert und damit in eine bessere Abgangsgruppe (–OH) überführt. Aufgrund der großen Ringspannung öffnet sich der Ring dann spontan in einer S_N1-Reaktion zum Carbokation. Die Öffnung erfolgt so, dass sich das stabilere (höher substituierte) Carbokation bildet. Dieses kann nun mit einem Nucleophil abreagieren. Bei der säurekatalysierten Epoxidöffnung befindet sich das Nucleophil im Produkt, also am höher substituierten Kohlenstoffatom.

7.6 Polyether

Polyether sind Polymere, die mehrere Ethergruppen enthalten und somit durch die allgemeine Formel –R–O–R′–O–R″– beschrieben werden. Die bekanntesten Polyether sind Polyethylengylcol (PEG) und Polypropylenglycol (PPG; ⬛ Abb. 7.14). Sie werden durch Ringöffnungspolymerisation von Ethylenoxid beziehungsweise Propylenoxid hergestellt. Die Polymerisation kann sowohl basen- als auch säurekatalysiert durchgeführt werden.

Die besondere Eigenschaft von Polyethylenglycol ist seine Wasserlöslichkeit. Es wird als Trägersubstanz für Arzneistoffe und in Kosmetikprodukten eingesetzt. Polypropylenglycol findet Anwendung als Waschmittelzusatz, in Kunstharzen und als Gefrierschutzmittel.

❓ Aufgabe 1

Formuliere den Mechanismus der Polymerisierung von Propylenoxid zu Polypropylenoxid – einmal basenkatalysiert (starte mit Propylenoxid und OH^-) und einmal säurekatalysiert (starte mit Propylenoxid und H^+).

7.7 Kronenether

Kronenether sind cyclische Ether, die in ihrer einfachsten Form aus mehreren ($-CH_2-CH_2-O$)-Einheiten aufgebaut sind. Zur Benennung der Kronenether wird die Schreibweise [*m*]Krone-*n* verwendet, bei der *m* die Anzahl der Ringatome angibt

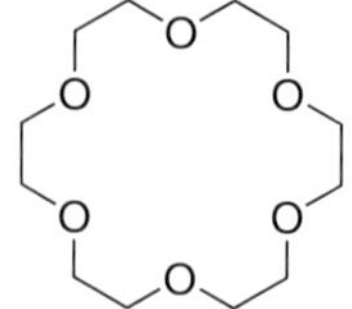

[18]Krone-6

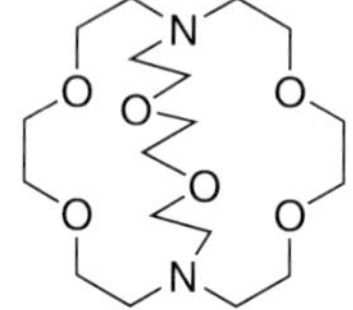

Abb. 7.15 Beispiel für einen Kronenether

[2.2.2]Kryptand

Abb. 7.16 Beispiel für einen Kryptanden

und n die Anzahl der Sauerstoffatome. Die besondere Eigenschaft der Kronenether ist, dass sie selektiv Metallkationen komplexieren können. Die Sauerstoffatome stabilisieren durch ihre freien Elektronenpaare das Kation in der Ringmitte. Je nach Ringgröße kann somit selektiv ein passendes Kation im Ring stabilisiert werden. Einer der am häufigsten verwendeten Kronenether ist [18]Krone-6, welcher selektiv K^+ komplexieren kann (**Abb. 7.15**). So ist es z. B. möglich, $KMnO_4$ durch Zugabe von [18]Krone-6 in organischen Solvenzien zu lösen und dadurch Oxidationsreaktionen mit Kaliumpermanganat auch in organischen Lösungsmitteln durchzuführen.

Eine Weiterentwicklung der Kronenether sind die Kryptanden, bei denen der Ring durch eine Brücke überspannt wird (**Abb. 7.16**). Als Brückenkopfatome dienen Stickstoffatome, welche die $(-CH_2-CH_2-O)$-Einheiten verbinden. Die Benennung der Kryptanden erfolgt als [x.y.z]Kryptand, x gibt die Anzahl der Sauerstoffatome in der ersten Brücke, y die Anzahl der Sauerstoffatome in der zweiten Brücke und z die in der dritten Brücke an. Kryptanden können Metallionen noch besser und selektiver komplexieren als Kronenether und dienen zudem als Ionentransportreagenzien (z. B. zum Na^+- oder K^+-Transport durch Lipidmembrane), da die Ladung der Kationen durch den Kryptanden maskiert wird.

❓ Aufgabe 2

Benenne folgenden Kronenether, der Na^+ komplexieren kann:

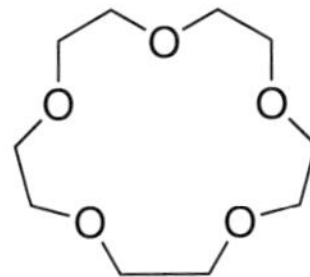

❓ Aufgabe 3

Benenne folgenden Kryptanden:

✔ Lösungen zu den Aufgaben

Lösung 1

Basen- und säurekatalysierte Polymerisierung von Propylenoxid:

Basenkatalysiert

Säurekatalysiert

Lösung 2
[15]Krone-5

Lösung 3
[1.1.2]Kryptand

Weiterführende Literatur

Breitmaier E, Jung G (2012) Organische Chemie. Thieme, Stuttgart
Clayden J, Greeves N, Warren S, Wothers P (2013) Organische Chemie. Springer, Heidelberg
Seite „Kronenether". In: Wikipedia, Die freie Enzyklopädie. Bearbeitungsstand: 18. März 2015, 22:53
    UTC. URL: http://de.wikipedia.org/wiki/Kronenether (Abgerufen: 16. August 2015, 12:18 UTC)
Seite „MTBE". In: Wikipedia, Die freie Enzyklopädie. Bearbeitungsstand: 13. August 2015, 14:53 UTC.
    URL: http://de.wikipedia.org/wiki/MTBE (Abgerufen: 23. August 2015, 12:34 UTC)
Seite „Peroxide". In: Wikipedia, Die freie Enzyklopädie. Bearbeitungsstand: 12. Januar 2015, 12:58
    UTC. URL: http://de.wikipedia.org/wiki/Peroxide (Abgerufen: 08. August 2015, 19:31 UTC)
Seite „Polyethylenglycol". In: Wikipedia, Die freie Enzyklopädie. Bearbeitungsstand: 07. April 2016,
    22:40 UTC. URL: https://de.wikipedia.org/wiki/Polyethylenglycol (Abgerufen: 19. Juni 2016,
    21:00 UTC)
Seite „Polypropylenglycol". In: Wikipedia, Die freie Enzyklopädie. Bearbeitungsstand: 11. November
    2014, 20:23 UTC. URL: https://de.wikipedia.org/wiki/Polypropylenglycol (Abgerufen: 19. Juni
    2016, 21:19 UTC)
Vollhardt KPC, Schore NE (2011) Organische Chemie. Wiley-VCH, Weinheim

Organoschwefelverbindungen

Stefanie Federle, Stefanie Hergesell, Sebastian Schubert

© Springer-Verlag GmbH Deutschland 2017
S. Federle, S. Hergesell, S. Schubert, *Die Stoffklassen der organischen Chemie*,
https://doi.org/10.1007/978-3-662-54968-1_8

Organoschwefelverbindungen sind organische Verbindungen, die mindestens ein Schwefelatom enthalten. Die wichtigsten Verbindungen sind Thiole. Sie entsprechen Alkoholen, bei denen das Sauerstoffatom durch Schwefel ersetzt wurde. Thiole sind Ausgangsstoffe zur Herstellung weiterer Organoschwefelverbindungen wie Sulfide, Disulfide und Sulfonsäuren. Durch Oxidation von Sulfiden wiederum lassen sich Sulfoxide und Sulfone herstellen. Organoschwefelverbindungen sind organische Verbindungen, die mindestens ein Schwefelatom enthalten.

> **Organoschwefelverbindungen sind organische Verbindungen, die mindestens ein Schwefelatom enthalten.**

Je nach Art der Substituenten am Schwefelatom gibt es hier verschiedene Unterklassen. Im Folgenden wollen wir vor allem die Klassen der Thiole, Sulfide, Disulfide, Sulfoxide und Sulfone mit ihren charakteristischen Eigenschaften vorstellen.

8.1 Thiole

8.1.1 Allgemeines und Definition

> **Trägt ein Molekül die funktionelle Gruppe –SH, so wird es als Thiol bezeichnet. Thiole entsprechen sozusagen Alkoholen, bei denen das Sauerstoffatom durch ein Schwefelatom ersetzt wurde.**

Da Schwefel im Periodensystem wie Sauerstoff in der sechsten Hauptgruppe und nur eine Periode unter Sauerstoff zu finden ist, besitzen Thiole ähnliche Eigenschaften wie Alkohole. Das Wort „Thiol" leitet sich vom griechischen Wort *theion* (Schwefel) ab. Wegen ihrer Fähigkeit, Quecksilber(II)-Salze zu fällen, werden Thiole auch als Mercaptane (lat. *mercurium captans*, Quecksilber fangend) bezeichnet. Für die Nomenklatur der Alkanthiole wird an den Namen des Alkangerüstes die Endung -thiol angehängt (◻ Abb. 8.1). Ist die Thiolgruppe an einen Benzolring gebunden, so spricht man auch von Thiophenolen.

8.1.2 Physikalische und chemische Eigenschaften

Thiole haben einen sehr penetranten, unangenehmen Geruch. Sie kommen z. B. im Drüsensekret des Stinktieres, in Erdöl, in Zwiebeln und Knoblauch sowie in Käse und Milch vor. Sie entstehen außerdem in der Natur beim Abbau von organischer Substanz, da Proteine schwefelhaltige Aminosäuren enthalten können, welche dann in Thiole

◘ Abb. 8.1 Beispiele für die Nomenklatur von Thiolen

$-SH$ Methanthiol

Butanthiol

Cyclohexanthiol

Thiophenol

zersetzt werden. Dem normalerweise geruchsfreien Erdgas (Methan, Ethan, Propan) wird Methanthiol als Geruchsstoff zugesetzt, damit Gaslecks in Rohren schneller bemerkt werden können.

Da Thiole aufgrund des großen, leicht polarisierbaren Schwefelatoms weiche Lewis-Basen sind, können sie weiche Metallionen komplexieren. Dies trifft nicht nur auf das bereits erwähnte Hg^{2+} zu, sondern z. B. auch auf Au^+, Ag^+, Cd^{2+} oder Pb^{2+}. Aufgrund dieser Eigenschaft können Thiole als Gegengift bei Schwermetallvergiftungen eingesetzt werden.

❷ Aufgabe 1
Formuliere die Reaktionsgleichung der Fällung von Ethanthiol mit Hg^{2+}.

Thiole und auch andere organische Schwefelverbindungen sind in Erdöl vorhanden. Diese schwefelhaltigen Verbindungen müssen durch Desulfurierung (Entschwefelung) entfernt werden. Das geschieht, indem das Erdöl mit Wasserstoff versetzt wird, wodurch die darin enthaltenen Schwefelverbindungen zu H_2S (Schwefelwasserstoff) und hydrierten Kohlenwasserstoffen umgesetzt werden. Schwefelwasserstoff wird abgetrennt und kann, wenn gewünscht, durch den Claus-Prozess in elementaren Schwefel umgewandelt werden. Der Prozess der Rohölentschwefelung ist notwendig, da bei der Verbrennung von Schwefelverbindungen SO_2 entsteht, welches in der Atmosphäre mit Wasser zu saurem Regen führt. Außerdem sind Schwefelverbindungen Katalysatorgifte. Sie beeinträchtigen vor allem heterogene Katalysatoren, was bei der weiteren Verarbeitung des Öles ein großes Problem darstellen kann. Auch bei anderen katalytischen Prozessen, bei denen schwefelhaltige Verbindungen eingesetzt werden oder schwefelhaltige Verunreinigungen vorhanden sind, ist dies zu beachten.

Im Gegensatz zur O–H-Bindung ist die S–H-Bindung nur eine schwach polare Bindung, da Schwefel eine ähnliche Elektronegativität wie Wasserstoff besitzt. Aufgrund dieser geringen Polarität kann Schwefel nur schwache oder gar keine Wasserstoffbrücken aufbauen. Die Siedepunkte der Thiole sind folglich niedriger als die Siedepunkte der Alkohole.

$$R-X \;+\; Na^{\oplus}HS^{\ominus} \xrightarrow[\;-NaX\;]{} R-SH$$

(Überschuss)   Thiol

◼ Abb. 8.2 Herstellung von Thiolen aus Halogenalkanen und NaSH

Nebenreaktion, wenn kein Überschuss NaHS

$$R-SH \;+\; R-X \xrightarrow[\;-HX\;]{} R-S-R$$

Sulfid

Thiole sind stärker sauer als Alkohole, da bei Abspaltung eines Protons die negative Ladung vom großen Schwefelatom besser stabilisiert werden kann als vom kleineren Sauerstoffatom. H_2S besitzt einen pK_s-Wert von 7 (vgl. H_2O: $pK_s = 15{,}7$), Thiole haben einen pK_s-Wert im Bereich von 9–12 (Alkohole: $pK_s = 16$–18), und der pK_s-Wert von Thiophenol liegt bei 7–8 (Phenol: $pK_s = 10$).

❓ Aufgabe 2

Ordne folgende Verbindungen nach aufsteigendem pK_s-Wert: Wasser, Thiophenol, Methansulfonsäure, Ethanol, Phenol, Schwefelwasserstoff, Ethanthiol.

Da das Schwefelatom größer ist als das Sauerstoffatom, ist die S-H-Bindung mit 133 pm auch länger als die O–H-Bindung, deren Länge nur 96 pm beträgt.

Die anionischen Salze der Thiole werden Thiolate genannt und sind gute weiche Nucleophile. Der Grund dafür sind die nichtbindenden freien $3sp^3$-Elektronenpaare des Schwefelatoms, die eine hohe Energie besitzen. Diese hoch liegenden HOMOs können z. B. gut mit den energetisch hoch liegenden LUMO-σ^*-Orbitalen der R–X-Bindung von Halogenalkanen wechselwirken. Im Vergleich dazu sind Alkoholate härtere Nucleophile, die nicht so gut mit dem σ^*-Orbital von R–X überlappen können, da das $2sp^3$-Orbital der Sauerstoffatome energetisch niedriger liegt.

Da das große S-Atom die negative Ladung gut über das gesamte Atom stabilisieren kann, sind Thiolate auch gute Abgangsgruppen in S_N2-Reaktionen.

8.1.3 Darstellung

Die einfachste Methode, Thiole herzustellen, ist die Reaktion von Halogenalkanen mit Schwefelwasserstoff und einer Base, bzw. direkt mit Natriumhydrogensulfid (◼ Abb. 8.2). Das Hydrogensulfidanion greift dabei in einer S_N2-Reaktion das Halogenalkan an, es kommt zur Abspaltung des Halogenids. Da das gebildete Thiol bzw. Thiolat jedoch aufgrund des +I-Effektes der Alkylgruppe nucleophiler ist als HS⁻, kann es mit einem weiteren R–X-Molekül reagieren, und es kommt zur Sulfidbildung. Um diese Folgereaktion zu vermeiden, muss H_2S oder NaHS im Überschuss eingesetzt werden.

$$\underset{\text{H}_2\text{N}}{\overset{\text{S}}{\|}}\underset{\text{NH}_2}{} \;+\; \text{R-X} \longrightarrow \text{R-S}\overset{\overset{\oplus}{\text{NH}_2}}{\underset{\text{NH}_2}{\diagdown}}\; \text{X}^{\ominus}$$

$$\text{R-S}\overset{\overset{\oplus}{\text{NH}_2}}{\underset{\text{NH}_2}{\diagdown}}\; \text{X}^{\ominus}\; \xrightarrow[-\text{NaX}]{\text{NaOH}}\; \text{R-SH}\;+\; \underset{\text{H}_3\text{N}}{\overset{\text{O}}{\|}}\underset{\text{NH}_2}{}$$

◻ **Abb. 8.3** Herstellung von Thiolen aus Halogenalkanen und Thioharnstoff

$$\text{R-X} + \text{S}_2\text{O}_3^{2\ominus} \xrightarrow[-\text{X}^-]{} \underset{\text{Bunte-Salz}}{\text{R-S-SO}_3^{\ominus}} \xrightarrow[-\text{HSO}_4^-]{\text{H}_2\text{O}} \text{R-SH}$$

◻ **Abb. 8.4** Reaktion eines Halogenalkans mit Thiosulfat zu einem Thiol

Eine elegante Variante zur Vermeidung der Folgereaktion zum Sulfid ist die Herstellung von Thiolen aus Thioharnstoff. Thioharnstoff wird mit RX und NaOH umgesetzt, wobei das gewünschte Thiol, sowie Harnstoff und NaX entstehen (◻ Abb. 8.3).

Auch durch die Reaktion von Halogenalkanen mit Thiosulfat können Thiole hergestellt werden, wobei als Zwischenstufe sogenannte **Bunte-Salze** entstehen (◻ Abb. 8.4).

8.1.4 Weitere Reaktionen von Thiolen

Werden Thiole mit einem Aldehyd oder Keton umgesetzt, entstehen Thioacetale bzw. Thioketale analog der Acetal- bzw. Ketalbildung mit Alkoholen. Angewandt wird die Thioacetalbildung bei der **Corey-Seebach-Reaktion**. Dabei wird ein Aldehyd mit Propan-1,3-dithiol zum cyclischen Thioacetal umgesetzt. Vorteil des Thioacteals ist, dass es sehr beständig gegenüber Säuren und Basen ist. Nachteil ist, dass es nur durch $HgCl_2$ wieder gespalten werden kann.

❓ **Aufgabe 3**
Formuliere die Reaktionsgleichung der Umsetzung von Propan-1,3-dithiol mit Benzaldehyd unter sauren Bedingungen.

8.2 Sulfide (Thioether)

Sulfide, auch Thioether genannt, sind analog den Ethern aufgebaut, nur dass das O-Atom durch ein S-Atom ersetzt wird. Die allgemeine Formel lautet somit R–S–R′.

$$R-SH \ + \ R'-X \ \xrightarrow[-H_2O]{\overset{NaOH}{-NaX}} \ R-S-R'$$

◘ Abb. 8.5 Darstellung von Sulfiden aus Thiolen und Halogenalkanen

◘ Abb. 8.6 Bildung von Trimethylsulfoniumiodid aus Dimethylsulfid und Iodmethan

◘ Abb. 8.7 Wirkungsweise von Senfgas

Wie die Thiole besitzen auch flüchtige Sulfide einen unangenehmen Geruch. Das bekannteste Beispiel ist Dimethylsulfid. Es wird z. B. beim Kochen von Kohl freigesetzt und von Phytoplankton im Meer emittiert.

Thioether können, wie bereits erwähnt, als Nebenprodukt bei der Reaktion von Halogenalkanen mit Natriumhydrogensulfid entstehen. Will man sie spezifisch herstellen, so kann man dies durch Reaktion von R'–X mit dem entsprechenden Thiol (R–SH) und Zugabe einer Base erreichen (**◘** Abb. 8.5). Nach Deprotonierung des Thiols findet ein nucleophiler Angriff des Thiolats auf das Halogenalkan statt.

Durch die starke Nucleophilie von Schwefel besitzen Sulfide die Fähigkeit, Sulfoniumionen zu bilden. So reagiert Dimethylsulfid mit Iodmethan zu Trimethylsulfoniumiodid (**◘** Abb. 8.6). Das gebildete Sulfoniumsalz ist ein gutes Alkylierungsmittel. Es kann von Nucleophilen (wie z. B. OH$^-$) angegriffen werden, wobei diese alkyliert werden und Dimethylsulfid wieder als Abgangsgruppe abgespalten wird. Sind am Schwefelatom drei verschiedene Reste gebunden, so ist das Sulfoniumion chiral.

Ein bekanntes Sulfid ist Senfgas (Bis(2-chlorethyl)sulfid, S-Lost), welches als toxischer chemischer Kampfstoff u. a. im Ersten Weltkrieg eingesetzt wurde. Ein freies Elektronenpaar des Schwefelatoms kann die –CH$_2$Cl-Gruppe in einer S$_N$2-Reaktion angreifen (Nachbargruppeneffekt), Cl$^-$ wird abgespalten, und es bildet sich ein cyclisches Sulfoniumsalz (Thiiraniumion). Das Sulfoniumsalz kann nun mit Nucleophilen reagieren, wobei sich der Ring wieder öffnet (**◘** Abb. 8.7). Im Körper können

$$2\ R{-}SH\ +\ I_2\ \longrightarrow\ \underset{S{-}R}{R{-}S}\ +\ 2\ HI$$

◘ Abb. 8.8 Oxidation von Thiolen mit Iod führt zur Disulfidbildung

$$2\ R{-}X\ +\ Na_2S_2\ \longrightarrow\ \underset{S{-}R}{R{-}S}\ +\ 2\ NaX$$

◘ Abb. 8.9 Synthese eines Disulfids aus einem Halogenalkan und Natriumdisulfid

L-Cystein   L-Cystin

◘ Abb. 8.10 Reversible Oxidation von Cystein zum Disulfid Cystin

diese Nucleophile z. B. Teile der DNA sein (z. B. $R\text{-}NH_2$-Gruppen der DNA). Die DNA wird dadurch modifiziert und, wenn die Reaktion auf beiden Seiten des Sulfides stattfindet, sogar quervernetzt. Dies ist auch der Grund, warum Senfgas hoch toxisch und krebserregend ist. Beim Einatmen kann außerdem durch Reaktion mit Wasser als Nucleophil in der Lunge HCl freigesetzt werden, welches ebenfalls zu Schädigungen führt.

8.3 Disulfide

Disulfide sind Verbindungen, bei denen zwei Alkyl- oder Arylreste durch zwei Schwefelatome verbrückt sind, sie besitzen also die allgemeine Formel $R{-}S{-}S{-}R'$. Hergestellt werden können Disulfide durch Oxidation von Thiolen. Als Oxidationsmittel kann bereits Luftsauerstoff dienen, im Labor wird die Oxidation jedoch mit Iod als Oxidationsmittel durchgeführt (**◘** Abb. 8.8).

Eine weitere Möglichkeit zur Synthese ist die Reaktion eines Halogenalkans mit Natriumdisulfid (**◘** Abb. 8.9). Die Reaktion läuft über eine nucleophile Substitution ab, wobei das S_2^{2-}-Ion als Nucleophil dient.

Auch die Rückreaktion, die Spaltung des Disulfids in zwei Thiole, ist durchführbar. Die Reduktion kann entweder durch Li in flüssigem Ammoniak und anschließende Hydrolyse erfolgen oder durch Zn/HCl. Eine weitere Methode, das Disulfid wieder in zwei Thiole zu zerlegen, ist die Reaktion mit H_2, wobei Raney-Nickel (feinkörnige Nickel-Aluminium-Legierung) als Katalysator verwendet wird.

◘ Abb. 8.11 Die Oxidation eines unsymmetrischen Sulfids mit einem Äquivalent Wasserstoffperoxid führt zur Bildung von zwei enantiomeren Sulfoxiden

◘ Abb. 8.12 Oxidation von Sulfiden zu Sulfonen durch einen Überschuss an Oxidationsmittel

In der Natur spielt die Bildung von Disulfidbrücken vor allem bei der Stabilisierung von Proteinen eine wichtige Rolle. So können zwei Cysteinreste einer Aminosäurenkette miteinander unter Ausbildung einer Disulfidbrücke reagieren. Durch diese starre Verbindung kann die Form und Stabilität des Proteins festgelegt werden (Tertiärstruktur). Durch Oxidation von zwei freien Cysteinmolekülen entsteht die Verbindung Cystin (◘ Abb. 8.10). Die Fähigkeit des Cysteins zur Disulfidbrückenbildung wird auch von Friseuren ausgenutzt, um Haare in Dauerwellen zu legen. Die natürlichen Cystinbindungen, durch die das Haar seine Festigkeit erhält, werden dabei zuerst mit Thioglycolsäure ($HS-CH_2-COOH$) gespalten. Dann wird das Haar in die gewünschte Form gebracht und die Cystinbrücken anschließend durch Oxidation mit Wasserstoffperoxid wieder aufgebaut.

8.4   Sulfoxide

Sulfoxide können durch Oxidation von Sulfiden hergestellt werden. Im Gegensatz zur Oxidation von Alkoholen und Ethern findet die Oxidation allerdings nicht am Kohlenstoffatom, sondern am Schwefelatom statt. Als Oxidationsmittel kann Wasserstoffperoxid verwendet werden, wobei darauf zu achten ist, dass es nur im Verhältnis 1:1 eingesetzt wird, da bei einem Überschuss von H_2O_2 das Sulfoxid zum Sulfon weiteroxidiert werden kann. Trägt das Sulfoxid zwei unterschiedliche Reste ($R \neq R'$), so ist es chiral (◘ Abb. 8.11).

Eines der wichtigsten Sulfoxide ist Dimethylsulfoxid (DMSO). Aufgrund der polaren S=O-Bindung ist es ein sehr gutes dipolar-aprotisches Lösungsmittel. DMSO wird in der **Swern-Oxidation** als Reagenz bei der Oxidation von Alkoholen zu Aldehyden eingesetzt (▶ Abschn. 6.4).

$$R{-}SH \xrightarrow{\text{Ox}} R{-}S{-}OH \xrightarrow{\text{Ox}} R{-}\overset{\displaystyle O}{\underset{}{S}}{-}OH \xrightarrow{\text{Ox}} R{-}\overset{\displaystyle O}{\underset{\displaystyle O}{S}}{-}OH$$

Sulfensäure (meist nicht isolierbar)   Sulfinsäure (schwierig isolierbar)   Sulfonsäure

▫ Abb. 8.13 Oxidation von Thiolen zu Sulfonsäuren

8.5 Sulfone

Sulfone entstehen bei der Oxidation von Sulfoxiden oder durch Oxidation von Sulfiden mit einem Überschuss an Oxidationsmittel (▫ Abb. 8.12). Als Oxidationsmittel können z. B. H_2O_2 oder $KMnO_4$ eingesetzt werden.

8.6 Weitere organische Schwefelverbindungen

8.6.1 Sulfonsäuren

Sulfonsäuren besitzen die allgemeine Formel $R{-}SO_3H$ und können durch Oxidation aus Thiolen hergestellt werden (▫ Abb. 8.13). Die Reaktion läuft über die Zwischenstufen der Sulfensäure und Sulfinsäure, welche jedoch nicht bzw. nur schwierig isolierbar sind. Die Salze der Sulfonsäuren werden als Sulfonate bezeichnet.

Sulfonate, vor allem Alkylbenzolsulfonate, werden als anionische Tenside in Waschmitteln eingesetzt. Des Weiteren finden sich Sulfonsäuren oder Sulfonate auch in Ionentauschern.

Aromatische Sulfonsäuren werden durch elektrophile aromatische Substitution aus den entsprechenden Aromaten und konzentrierter Schwefelsäure hergestellt. Wichtige aromatische Sulfonsäuren sind Methansulfonsäure (MsOH, Salz: Mesylat), *p*-Toluolsulfonsäure (TsOH, Salz: Tosylat), Trifluormethansulfonsäure (TfOH, Salz: Triflat) und Sulfanilsäure (4-Aminobenzolsulfonsäure). Verwendet wird die Sulfanilsäure zur Synthese von Azofarbstoffen und zur Herstellung von Lunges Reagenz, welches für den Nitrit- und Nitratnachweis verwendet wird. MsO^-, TfO^- und TsO^- sind sehr gute Abgangsgruppen in nucleophilen Substitutionsreaktionen, da sie die negative Ladung durch Ausbildung mehrerer mesomerer Grenzformen gut stabilisieren können. So können z. B. Alkohole durch Reaktion mit Tosylchlorid (TsCl) in Tosylate (*p*-Toluolsulfonsäureester) umgewandelt werden, bei Angriff durch ein Nucleophil kann das Tosylatanion als Abgangsgruppe sehr leicht abgespalten werden (▫ Abb. 8.14).

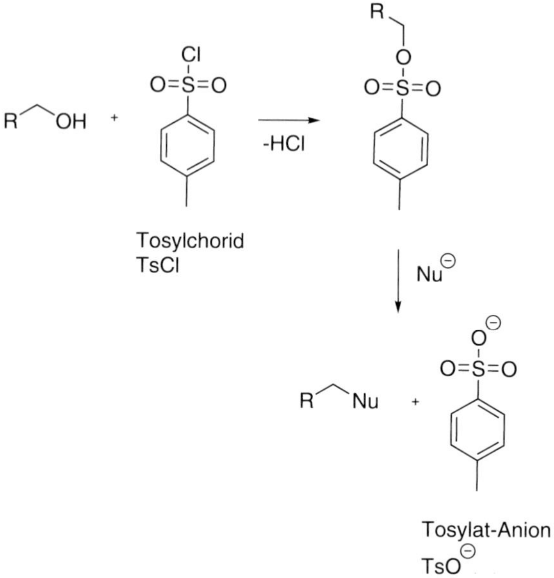

Abb. 8.14 Umwandlung eines Alkohols in ein Tosylat

8.6.2 Thioaldehyde und Thioketone

Wird in einem Aldehyd oder Keton das O-Atom der Carbonylgruppe durch Schwefel ersetzt, erhält man Thioaldehyde bzw. Thioketone. Diese Verbindungen sind allerdings relativ unstabil und spielen keine bedeutende Rolle in der organischen Chemie.

8.6.3 Schwefelanaloga von Carbonsäuren

Ersetzt man in Carbonsäuren ein Sauerstoffatom durch ein Schwefelatom, erhält man entweder Thiolsäuren (R–CO–SH) oder Thionsäuren (R–CS–OH). Werden beide O-Atome durch Schwefel ersetzt, erhält man Dithiocarbonsäuren (R–CS–SH). Alle drei Säuren sind jedoch nur in Form ihrer Salze oder als entsprechende Ester stabil.

8.6.4 Xanthogenate

Salze der Dithiokohlensäure (Kohlensäurederivat, bei dem zwei Sauerstoffatome durch Schwefelatome ersetzt sind) werden als Xanthogenate (veralteter Ausdruck) bezeich-

☐ Abb. 8.15 Xanthogenate

Xanthogenat

R' = Alkylrest
Alkylxanthogenat

net (☐ Abb. 8.15). Ist an das Schwefelatom eine Alkyl- oder Arylgruppe gebunden, spricht man von Alkylxanthogenaten bzw. Arylxanthogenaten. Durch Thermolyse von Alkylxanthogenaten können Alkene und Thiole hergestellt werden (**Tschugajew-Reaktion**).

✔ Lösungen zu den Aufgaben

Lösung 1
Fällung von Ethanthiol mit Hg^{2+}:

$$2 \quad \diagdown SH \quad + \quad Hg^{2+} \longrightarrow \quad \diagup S^{-Hg-}S \diagdown \downarrow \quad + \quad 2\,H^{\oplus}$$

Lösung 2
Steigender pK_s-Wert: Methansulfonsäure $(-2) <$ Schwefelwasserstoff $(7) =$ Thiophenol $(7) <$ Phenol $(10) <$ Ethanthiol $(10{,}5) <$ Wasser $(15{,}7) <$ Ethanol (16).

Lösung 3
Säurekatalysierte Umsetzung von Propan-1,3-dithiol mit Benzaldehyd:

zyklisches Thioketal

Weiterführende Literatur

Breitmaier E, Jung G (2012) Organische Chemie. Thieme, Stuttgart
Clayden J, Greeves N, Warren S, Wothers P (2013) Organische Chemie. Springer, Heidelberg
Latscha HP, Klein HA (2008) Chemie Basiswissen II – Organische Chemie. Springer, Berlin Heidelberg

Seite „Loste". In: Wikipedia, Die freie Enzyklopädie. Bearbeitungsstand: 14. September 2015, 18:21 UTC. URL: https://de.wikipedia.org/wiki/Loste (Abgerufen: 12. Februar 2016, 09:08 UTC)

Seite „Raney-Nickel". In: Wikipedia, Die freie Enzyklopädie. Bearbeitungsstand: 26. November 2015, 23:04 UTC. URL: https://de.wikipedia.org/wiki/Raney-Nickel (Abgerufen: 10. Januar 2016, 15:57 UTC)

Seite „Thiole". In: Wikipedia, Die freie Enzyklopädie. Bearbeitungsstand: 06. Januar 2015, 23:18 UTC. URL: http://de.wikipedia.org/wiki/Thiole (Abgerufen: 17. Mai 2015, 15:57 UTC)

Vollhardt KPC, Schore NE (2011) Organische Chemie. Wiley-VCH, Weinheim

Amine

Stefanie Federle, Stefanie Hergesell, Sebastian Schubert

© Springer-Verlag GmbH Deutschland 2017
S. Federle, S. Hergesell, S. Schubert, *Die Stoffklassen der organischen Chemie*,
https://doi.org/10.1007/978-3-662-54968-1_9

Amine sind organische Ammoniakderivate, die u. a. als primär, sekundär oder tertiär klassifiziert werden können. Weiterhin existieren quartäre Ammonium-Verbindungen und cyclische Amine. Häufig werden Trivialnamen verwendet, um Amine zu benennen. Amine reagieren sowohl sauer als auch basisch. Für die Basenstärke sind vor allem die elektronischen und sterischen Einflüsse der Substituenten sowie der Solvatisationsgrad der protonierten Amine verantwortlich. Tertiäre Amine sind bspw. deutlich basischer als primäre. Die Verbindungsklasse der Amine kommt z. B. als Derivat (Amin-Basen der DNA) in allen Lebewesen vor. Amine können mit unterschiedlichen Verfahren gewonnen werden. Industriell wird bspw. Ammoniak mit Alkoholen, Aldehyden oder Ketonen umgesetzt.

9.1 Definition, Systematik und Struktur

> Amine sind organische Ammoniakderivate (Ammoniakabkömmlinge), bei denen mindestens eines der an das Stickstoffatom gebundenen Wasserstoffatome durch eine Alkyl- und/oder Arylgruppe ersetzt ist.

Die Einteilung der Amine erfolgt ähnlich der Vorgehensweise bei Alkoholen (▶ Abschn. 6.1) in primär, sekundär und tertiär (◘ Abb. 9.1). Allerdings ist bei den Aminen darauf zu achten, dass es anders als bei den Alkoholen darauf ankommt, wie viele organische Gruppen an das Stickstoffatom gebunden sind und nicht an das benachbarte C-Atom. Sollten vier Gruppen gebunden sein, liegt eine ionische Verbindung, sprich eine quartäre Ammoniumverbindung, vor. Sind mindestens zwei organische Reste gebunden, können diese Gruppen gleich oder unterschiedlich voneinander sein.

Ist das Stickstoffatom des Ammoniakderivats selbst Teil eines Rings, kann es sich logischerweise nie um ein primäres Amin handeln, da mindestens zwei Bindungen zu Kohlenstoffatomen (z. B. bei Piperidin) vorhanden sind. Aus diesem Grund existieren lediglich sekundäre, tertiäre und (selten) quartäre cyclische Amine (◘ Abb. 9.2).

Wie in der Stammverbindung Ammoniak ist auch bei den Aminen das Stickstoffatom dreibindig, besitzt ein freies Elektronenpaar und ist sp^3-hybridisiert. Hieraus ergibt sich die pyramidale, fast tetraedrische Geometrie der Verbindungen. Es könnte der Anschein erweckt werden, dass ein Amin mit drei unterschiedlichen Substituenten notwendigerweise chiral ist. Was in der Theorie logisch klingt und naheliegt, erweist sich in der Praxis als nicht haltbar, da Amine keine starren Moleküle sind. Eine geringe Energiebarriere von lediglich 24,2 kJ mol^{-1} bedingt, dass es bei Raumtemperatur nicht möglich ist, Enantiomere zu isolieren (Kölmel et al. 1991). Es findet Inversion statt, bei der sich die Enantiomere ständig ineinander umwandeln (◘ Abb. 9.3).

Ammoniak   primäres Amin   sekundäres Amin   tertiäres Amin   quartäre Ammoniumverbindung

Abb. 9.1 Einteilung der Amine

Piperidin

sekundäres Amin

N-Methylpiperidin

tertäres Amin

N,N-Dimethylpieridiniumchlorid

quartäres Ammoniumsalz

Abb. 9.2 Beispiele für ein sekundäres und tertiäres cyclisches Amin sowie eine quartäre cyclische Ammoniumverbindung

Abb. 9.3 Inversion von Ammoniak

9.2 Nomenklatur

In diesem Kapitel behandeln wir die Nomenklatur möglichst früh, da sie bei den Aminen mitunter nicht ganz so eingängig wie bei den anderen Stoffklassen ist.

▪ Generelle Nomenklatur

Die Aminogruppe ($-NH_2$) stellt eine funktionelle Gruppe dar, weshalb die Verbindungen gemäß IUPAC das Suffix „-amin" (z. B. Methan- oder Methylamin) erhalten (**Abb. 9.4**). Alternativ ist eine Benennung mit dem Präfix „Amino-" möglich, jedoch nicht zu empfehlen (da nicht mehr zeitgemäß). So könnte die Beispielverbindung auch Aminomethan genannt werden.

Die Priorität (nach der CIP-Konvention) der Aminogruppe ist, verglichen mit anderen funktionellen Gruppen, als relativ niedrig anzusehen.

- *Primäre Amine*: Eine Benennung mit dem „reinen" Suffix ist nur bei ein- und zweigliedrigen Ketten möglich. Ab drei Kettengliedern müssen die Glieder nummeriert (längste Kohlenstoffkette identifizieren) und die Position der Aminogruppe angeben werden. So existieren z. B. Propan-1-amin (veraltet: 1-Aminopropan) sowie Propan-2-amin (veraltet: 2-Aminopropan).

Propan-1-amin

Propan-2-amin

Dimethylamin

N-Methylpropan-1-amin

N-Ethyl-*N*-methylpropan-1-amin

N-Ethyl-2-methyl-*N*-propylbutan-1-amin

◘ Abb. 9.4 Beispiele für primäre, sekundäre und tertiäre Amine

- *Sekundäre und tertiäre Amine*: Die längste Kette, an die das Stickstoffatom gebunden ist (!) suchen. Diese liefert zusammen mit dem Suffix „-amin" den Stammnamen. Die übrigen Substituenten werden jeweils zusammen mit dem Präfix „*N*", wenn der Substituent am Stickstoffgebunden ist, oder einer Positionszahl (falls der Substituent an der Stammkohlenstoffkette gebunden ist) dem Stammnamen in alphabetischer Reihenfolge vorangestellt (z. B. *N*-Ethyl-*N*-methylpropan-1-amin). Das Vorgehen ist bei sekundären und tertiären Aminen gleich (◘ Abb. 9.4).

❯ Ausgangspunkt der Nomenklatur bildet die längste Kette, an die das Stickstoffatom gebunden ist.

- *Quartäre Amine (Ammonium-Verbindungen)*: Diese werden häufig mit Trivialnamen bezeichnet. Die systematische Bezeichnung erfolgt über das Anhängen des Suffix „-ammonium" an den Stammnamen. Dahinter folgt stets die Bezeichnung des Anions (Beispiel: Tetramethylammoniumbromid = $(CH_3)_4N(Br)$; ◘ Abb. 9.5).
- *Cyclische Amine*: Diese gehören zu den heterocyclischen Verbindungen. Deshalb erfolgt die Nomenklatur nach dem **Hantzsch-Widman-System**. Das sekundäre Amin Piperidin (Trivialname) würde systematisch als Azinan klassifiziert. Allerdings wird in der Praxis bei Piperidin und vielen anderen Verbindungen die Benutzung des Trivialnamens bevorzugt.
- *Mehrfunktionelle Amine*: Nach IUPAC werden diese auch als Polyamino-Verbindungen bezeichnet. Ausgehend von der Position in der Kette wird die Bezeichnung „-amin" hinten angefügt und mit dem Zusatz „-di", „-tri" etc. versehen (z. B. 1,2,3-Triaminopentan). Bei aromatischen Diaminen (Arylendiamine) erfolgt die Benennung häufig als *ortho-*, *meta-* oder *para-*Phenyldiamin.

□ Abb. 9.5 Weitere Amine

Tetramethylammoniumbromid

Piperidin

N,N-Dimethylanilin

2,3-Diaminopentan

Im Bereich der Amine sind Trivialnamen sehr gebräuchlich. So wird beispielsweise Aminobenzol i. d. R. als Anilin bezeichnet; es hat auch in die Namensgebung des bekannten BASF-Konzerns (Badische Anilin- und Sodafabrik) Einzug gehalten. Phenylamine (aromatische Amine) werden z. B. meist als Anilinderivate, wie etwa *N,N*-Dimethylanilin, bezeichnet.

Neben Trivialnamen ist zusätzlich eine alternative Systematik gebräuchlich. Hierbei werden die Amine streng nach ihrer Herkunft (Ammoniakderivate) bezeichnet und erhalten ebenso das Suffix „*-amin*". Allerdings wird der Name in einem Wort geschrieben und von der Alkylgruppe mit „Alkyl-", „Dialkyl-" oder „Trialkyl-" ausgegangen (z. B. Triethylamin oder Methylethylamin).

> **Besonders bei den Aminen solltet ihr gebräuchliche Trivialnamen sowie alternative, von der IUPAC-Nomenklatur abweichende Benennungen lernen!**

9.3 Physikalische und chemische Eigenschaften der Amine

Niedere Amine, d. h. Mono-, Di-, Trimethylamin sowie Ethylamin, liegen bei Raumtemperatur im gasförmigen Aggregatzustand vor. Ab einer Kette von drei Kohlenstoffatomen sind Amine flüssig. Die Siedepunkte der Amine liegen zwischen denen von Alkanen und Alkoholen vergleichbarer Molekülmassen. Sie liegen deutlich höher als die der Alkane und deutlich niedriger als die der Alkohole.

? Aufgabe 1

Warum unterscheiden sich die Siedepunkte von Alkanen, Alkoholen und Aminen (mit ähnlicher relativer Molekülmasse) so deutlich? Wie ist die Reihenfolge der Siedepunkte zu erklären?

Hinsichtlich der Löslichkeit gilt, dass sich „Gleiches in Gleichem" löst. So sind die meisten niederen Amine aufgrund ihrer Polarität (signifikante Elektronegativitätsdifferenz zwischen Bindungspartnern) sehr gut in Wasser und anderen polaren Lösungsmitteln löslich.

Viele Amine weisen charakteristische, für die Nasen von uns Menschen oft üble Gerüche auf (Exkurs: „Gerüche der Amine" in ▶ Abschn. 9.5).

Ein kritischer Punkt sind die Acidität und die Basizität der Amine, die durchaus nicht trivial sind. Wie Alkohole (▶ Abschn. 6.2) können Amine sauer und basisch reagieren. Allerdings ist das Sauerstoffatom der Alkohole elektronegativer als das Stickstoffatom der Amine, und das freie Elektronenpaar am Stickstoffatom nimmt leicht Protonen auf. So sind die im Vergleich höhere Basizität und geringere Acidität der Amine zu erklären.

Wie Ammoniak sind Amine generell den Basen zuzuordnen – sie stellen die häufigsten Vertreter organischer Basen dar. Amine mit kurzen Kohlenstoffketten sind i. d. R. starke Basen. Zur Feststellung der Basenstärke werden meist das korrespondierende Ammoniumsalz (Säure) und dessen pK_S-Wert betrachtet. Je niedriger dieser Wert ist, desto stärker ist die korrespondierende Base, d. h. das Amin. Alternativ kann auch der pK_B-Wert des Amins betrachtet werden um die Basizität zu bestimmen.

■ Basenstärke der Amine

Die Basenstärke der Amine hängt von drei wesentlichen Faktoren ab:

- *Elektronische Eigenschaften der Substituenten*: An das Stickstoffatom der Amine gebundene Alkylgruppen steigern durch ihren positiven induktiven Effekt (+I-Effekt) die Basenstärke. Der Alkylsubstituent erhöht die Elektronendichte am Stickstoffatom, weshalb ein Proton leichter angelagert werden kann. Demgegenüber steht der negative induktive Effekt (−I-Effekt): Substituenten in Form von Arylgruppen (aromatische Ringe) ermöglichen eine Delokalisation des freien Elektronenpaars und damit mesomere Grenzstrukturen. Dadurch wird die Elektronendichte am Stickstoffatom gesenkt und ein Proton kann nicht so schnell bzw. gut aufgenommen werden, was eine niedrigere Basizität bzw. erhöhte Acidität zur Folge hat (◻ Abb. 9.6). Sollte der aromatische Ring weitere Substituten tragen, müssen diese ebenfalls hinsichtlich der Basizität betrachten werden. Ist das N-Atom Teil eines aromatischen Systems, wie bspw. bei Pyridin, wird ebenfalls Elektronendichte über das System delokalisiert. Diese Delokalisation erfolgt allerdings, anders als bei Benzol, nicht gleichmäßig. Dies liegt am −I-Effekt des Stickstoffatoms. Dementsprechend liegt dort eine höhere Elektronendichte als im Rest des Moleküls vor, die insgesamt die Resonanzstabilisierung verschlechtert.
- *Sterische Einflüsse der Substituenten*: Ist ein Amin stärker basisch, je mehr Alkylgruppen daran gebunden sind (◻ Abb. 9.7)? Dies stimmt lediglich, solange das Amin rein und wasserfrei ist. Sollten die Amine jedoch hydratisiert sein, gelten neue Regelungen zur Bestimmung der Basizität, da es zu sterischen Hinderungen bei der Hydratation (Anlagerung von Wassermolekülen) kommt.

◼ Abb. 9.6 Die mesomeren Grenzstrukturen von Anilin verdeutlichen die Delokalisierung des freien Elektronenpaares

◼ Abb. 9.7 Sterische Einflüsse der Substituenten auf die Basizität der Amine

— Weiterhin muss die Kettenlänge der Substituenten beachtet werden. Längere Alkylketten führen zu größeren sterischen Hinderungen und damit zu niedriger Basizität. Folglich stehen sich zwei Effekte der Substituenten gegenüber, die einerseits die Basenstärke erhöhen und andererseits senken.

— *Solvatationsgrad der protonierten Amine*: Die Basenstärke hängt davon ab, wie gut Ammoniumsalze in einem Lösungsmittel gelöst werden können. So sind bei aprotisch-polaren Lösungsmitteln (siehe unten) sterische Effekte größtenteils zu vernachlässigen, weshalb wieder diese Reihenfolge (zunehmende Basizität) gilt: primär – sekundär – tertiär.

Anmerkung: Polare Verbindung wie Aceton, die kein H-Atom aus einer funktionellen Gruppe abspalten können und einen Ladungsschwerpunkt aufweisen, werden als aprotisch-polar bezeichnet. Aprotisch-unpolare Lösungsmittel (bspw. Heptan) weisen

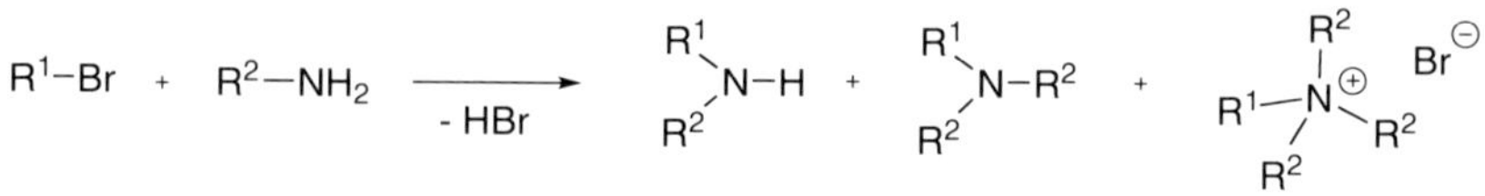

$$R^1-Br \ + \ R^2-NH_2 \xrightarrow[- \, HBr]{} \quad R^1{\diagdown} \atop R^2{\diagup} N-H \ + \ R^1{\diagdown} \atop R^2{\diagup} N-R^2 \ + \ R^1-\overset{\overset{R^2}{|}}{\underset{\underset{R^2}{|}}{N}}{\overset{\oplus}{\diagup}}_{R^2} \ Br^{\ominus}$$

Abb. 9.8 Alkylierung eines primären Amins

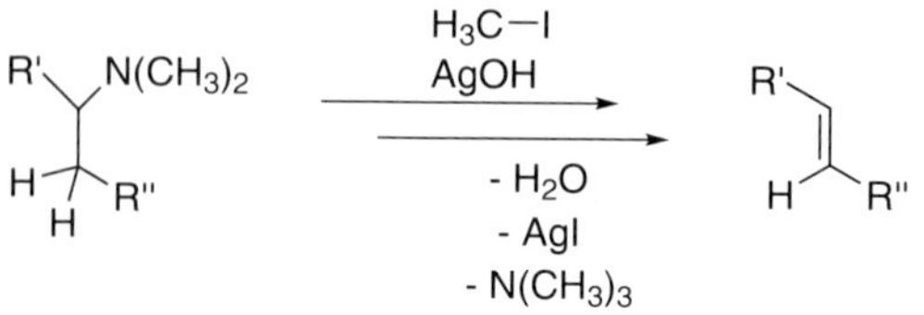

Abb. 9.9 Hofmann-Eliminierung

hingegen keinen permanenten Ladungsschwerpunkt auf. Polare Lösungsmittel wie Wasser können hingegen Protonen dissoziieren.

9.4 Typische Reaktionen der Amine

Amine gehen zahlreiche Reaktionen ein. Von besonderer Bedeutung ist bei Aminen das freie Elektronenpaar am Stickstoffatom, das u. a. die Voraussetzung für die Nucleophilie dieser Stoffklasse ist und Alkylierungen, Acylierungen und viele weitere nucleophile Substitutionen möglich macht (**Abb. 9.8**). Die Alkylierung eines primären Amins führt zu einem Gemisch aus Produkten (sekundäres Amin, tertiäres Amin und quartäres Ammoniumsalz).

Zudem gibt es synthetisch relevante Eliminierungsreaktionen, wie bspw. die **Hofmann-Eliminierung** (**Abb. 9.9**), die zur Darstellung von Trimethylamin sowie einem Alken dient.

9.5 Vorkommen, Gewinnung und Verwendung der Amine

(Biogene) Amine kommen überall vor, wo Leben ist – in Menschen, Tieren, Pflanzen, Pilzen usw. Amine werden als biogen bezeichnet, wenn ihre Biosynthese aus Aminosäuren erfolgt ist. Sie treten in Form von Hormonen, Neurotransmittern, DNA oder Alkaloiden wie Coffein (**Abb. 9.10**) oder Capsaicin, das für die Schärfe der Chili verantwortlich ist, auf. Ihre charakteristischen Gerüche können durchaus vom Menschen als störend und unangenehm empfunden werden (Exkurs: „Gerüche der

Cytosin
4-Amino-1*H*-pyrimidin-2-on
eine DNA-Base

Spermin
N,*N*'-Bis(3-aminopropyl)-1,4-butandiamin

Coffein
1,3,7-Trimethylpurin-2,6-dion

Capsaicin
(*E*)-*N*-(4-Hydroxy-3-methoxybenzyl)-8-methyl-
6-nonensäureamid

◘ **Abb. 9.10** Natürlich vorkommende Amine

Amine"). Amine werden beispielsweise durch biochemische, d. h. bakterielle Abbauprozesse frei und können im Alltag als Geruch verdorbener Lebensmittel wahrgenommen werden.

Im Labor lassen sich Amine auf vielfältigen Wegen synthetisieren. Diese Mechanismen sind mitunter recht speziell, von nicht allzu großer praktischer Relevanz und/oder komplex, sodass sie an dieser Stelle nur erwähnt bzw. angerissen werden. In einschlägigen Lehrbüchern zu organischen Reaktionsmechanismen können diese detailliert nachgeschlagen werden. Je nach Prüfer gibt es hier auch unterschiedliche Ansichten über die Relevanz. Die aus Sicht des Autors wichtigsten Reaktionen zur Synthese primärer Amine, die auch immer wieder gerne in Klausuren und Kolloquien überprüft werden, können unten stehender Abbildung (◘ Abb. 9.11) entnommen werden.

Die Alkylierung von Ammoniak, z. B. mittels Alkylhalogeniden, ist eine der Methoden zur Amindarstellung, die allerdings zu Gemischen von primären, sekundären und tertiären Aminen führt (◘ Abb. 9.8). Im Rahmen der Synthese primärer Amine (◘ Abb. 9.11) sind v. a. die **Gabriel-Synthese**, die **Hofmann-Umlagerung** sowie der **Curtius-Abbau** zu nennen. Die **Leuckart-Wallach-Reaktion** liefert in erster Linie tertiäre Amine. Zur Laborsynthese sekundärer Amine gibt es verschiedene Möglichkeiten, wie z. B. die Hydrierung der Doppelbindungen von Iminen.

Zur technischen Darstellung von Aminen gibt es verschiedene Verfahren. So wird Ammoniak bspw. mit Alkoholen, Aldehyden oder Ketonen umgesetzt. Großtechnisch

Gabriel-Synthese

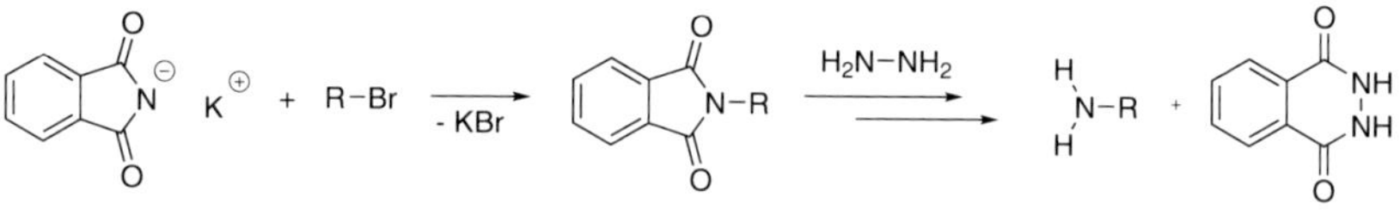

Hofmann-Umlagerung

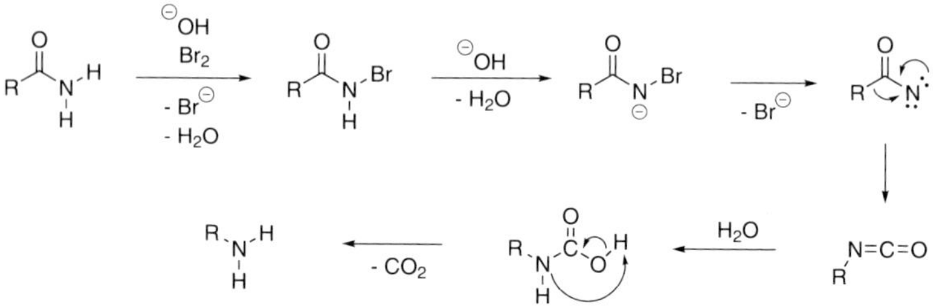

Leuckart-Wallach-Reaktion

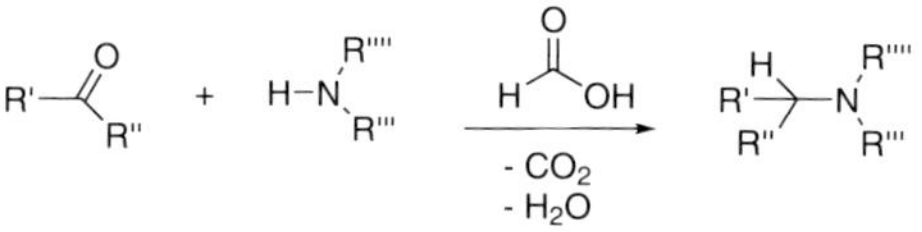

■ **Abb. 9.11** Wichtige Reaktionen zur Synthese von (primären) Aminen

werden Epoxide (▶ Abschn. 7.5) u. a. mit Ammoniak umgesetzt, um bestimmte Amine zu gewinnen.

Eine herausragende industrielle Bedeutung hat Anilin. Es wird als Ausgangssubstanz zur Synthese zahlreicher Farbstoffe, wie z. B. für Indigo (**Heumann-Synthese**), eingesetzt. Weiterhin stellen die Diamine wichtige Rohstoffe in der Kunststoffsynthese dar.

? Aufgabe 2

Auf welcher chemischen Reaktion beruht der im Exkurs beschriebene Trick, Fischgeruch mit Zitrone abzuschwächen?

Gerüche der Amine

Menschen reagieren mitunter sehr sensibel auf die charakteristischen Gerüche von Aminen. Fische müssen z. B. nicht unbedingt verdorben sein, um Ekel hervorzurufen. Nicht wenige Menschen sind bereits durch den Fischgeruch, der postmortal durch den Abbau von peptidisch (amidartig) gebundenen Aminosäuren entsteht, angewidert. Daher ist es in vielen Ländern üblich, den Fischgeruch durch Zitrone abzumildern.

Peptid

◻ **Abbau eines Peptids zu Aminosäuren**

Eine schwedische Spezialität ist der vergorene Hering „Surströmming". Diese intensiv faulig stinkende Fischspeise stellt vor allem abseits des skandinavischen Raumes jedoch eher eine Delikatesse für besonders hartgesottene Zeitgenossen dar. Auch der Mensch sondert Gerüche ab, die auf biogene Amine zurückzuführen sind. So kommt etwa das biogene Amin Spermin in der Samenflüssigkeit, dem Sperma, vor und bedingt mitunter dessen charakteristischen Geruch (Wrede 1925).

✔ **Lösungen zu den Aufgaben**

Lösung 1

Der deutliche Unterschied der Siedepunkte liegt an der Fähigkeit der Amine und Alkohole, intermolekulare Wasserstoffbrücken auszubilden. Dies ist der Grund dafür, dass sie deutlich höhere Siedepunkte als die Alkane haben. Da das Sauerstoffatom der Alkohole deutlich elektronegativer ist als das Stickstoffatom der Amine, bilden Alkohole stärke Wasserstoffbrücken aus, die für ihre höheren Siedepunkte verantwortlich sind.

Lösung 2

Der Trick beruht auf der Salzbildung der Amine und nicht, wie möglicherweise anzunehmen wäre, auf einer Überlagerung des Geschmacks/Geruchs durch das Zitronenaroma. Zitronensäure neutralisiert den Geruch der basischen Amine in einer Säure-Base-Reaktion, sodass die geruchlosen, nicht mehr verdampfenden Salze der Amine (Ammoniumverbindungen) gebildet werden.

Literatur

Kölmel C, Oehsenfeld C, Ahlrichs (1991) R: An ab initio investigation of structure and inversion barrier of triisopropylamine and related amines and phosphines. Theor Chim Acta 82:271–284
Wrede F (1925) Über die aus menschlichem Sperma isolierte Base Spermin. Dtsch Med Wochenschr 51:24

Weiterführende Literatur

Wollrab A (2009) Organische Chemie. Springer, Berlin Heidelberg New York

Carbonylverbindungen (Aldehyde/Ketone)

Stefanie Federle, Stefanie Hergesell, Sebastian Schubert

© Springer-Verlag GmbH Deutschland 2017
S. Federle, S. Hergesell, S. Schubert, *Die Stoffklassen der organischen Chemie*,
https://doi.org/10.1007/978-3-662-54968-1_10

Carbonylverbindungen sind nach ihrer funktionellen Gruppe, der Carbonylgruppe, benannt. Diese besteht aus einem Kohlenstoffatom, das über eine Doppelbindung mit einem Sauerstoffatom verknüpft ist. Das Sauerstoffatom weist zwei freie Elektronenpaare auf, und die Bindung ist stark polarisiert. Ein nucleophiler Angriff erfolgt meist am Carbonylkohlenstoffatom. Die Keto-Enol-Tautomerie beschreibt, dass Aldehyde und Ketone in zwei verschiedenen, miteinander im Gleichgewicht stehenden Formen auftreten. Aldehyde sind Carbonylverbindungen mit der endständigen funktionellen Gruppe –CHO und Ketone sind Carbonylverbindungen mit der nicht endständigen funktionellen Gruppe $>C=O$. Die α-Wasserstoffatome der Aldehyde und Ketone sind im Vergleich zu anderen H-Atomen besonders acide.

10.1 Carbonylgruppe: Allgemeines und Definition

Carbonylverbindungen sind in der Natur überaus verbreitet und stellen eine der synthetisch wichtigsten, wenn nicht sogar die wichtigste Gruppe organischer Verbindungen dar (siehe unten). Unter der Carbonylgruppe ist ein Kohlenstoffatom zu verstehen (sog. Carbonylkohlenstoffatom), das über eine Doppelbindung mit einem Sauerstoffatom verknüpft ist (◘ Abb. 10.1). Zu dieser Kategorie zählen Carboxylate, Carbonsäuren, Carbonsäureamide, Carbonsäureester, Thiolsäureester, Carbonsäureanhydride, Carbonsäurehalogenide (▶ Kap. 11), Ketone und Aldehyde. In diesem Kapitel werden in erster Linie die beiden letztgenannten Verbindungen behandelt.

Hinweis: Je nach Lehrbuch oder Lehrperson werden Carboxylderivate wie die oben genannten mit zu den Carbonylen gezählt oder als eigene Gruppe behandelt.

> ❯ **Aldehyde (R–CHO) sind Carbonylverbindungen mit der funktionellen Gruppe –CHO. Ketone ($R^1R^2C=O$) tragen die nicht endständige, in jedem Fall an zwei Kohlenstoffreste gebundene funktionelle Gruppe $>C=O$.**

Wir könnten Carbonylverbindungen als das „Schweizer Taschenmesser" der organischen Chemie bezeichnen, da sie sich leicht herstellen lassen, eine hohe Reaktivität besitzen und sich aus ihnen eine Vielzahl anderer Verbindungen gewinnen lässt. Daher rührt die bereits zu Anfang des Kapitels erwähnte Bedeutung dieser Stoffklasse.

Carbonylverbindungen können in zwei grundlegende Klassen eingeteilt werden (◘ Abb. 10.2). Bei der einen Klasse kann der unbestimmte Rest nicht durch ein Nucleophil ausgetauscht werden (Aldehyde und Ketone), und bei der anderen Klasse (allen übrigen Carbonlyverbindungen) ist dies grundsätzlich möglich. Anders ausgedrückt, stellt der Rest in der einen Klasse eine Abgangsgruppe dar und in der anderen nicht.

Beziehen wir nun bei unserer Betrachtung der funktionellen Gruppe noch den organischen Rest, der an das Carbonylkohlenstoffatom gebunden ist, mit ein, spre-

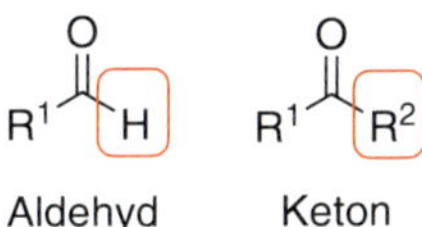

Aldehyd R^1 = H
 R^2 = Alkyl, Aryl

Keton R^1 = Alkyl, Aryl
 R^2 = Alkyl, Aryl

□ **Abb. 10.1** Die Carbonylgruppe

Rest ist keine Abgangsgruppe

Aldehyd   Keton

Rest ist eine Abgangsgruppe

Carbonsäure   Carbonsäureester   Carbonsäureanhydrid

Carbonsäurehalogenid   Thiolsäureester   Carbonsäureamid
X = F, Cl, Br, I

□ **Abb. 10.2** Grundlegende Klassen der Carbonylverbindungen

chen wir von der Acylgruppe (Synonyme: Acyl-, Azyl- oder Alkanoylgruppe). Damit handelt es sich quasi um eine spezielle Form der Carbonylgruppe, die einen Alkylrest trägt. Reaktionen, die eine Acylgruppe in ein Molekül einführen, nennen wir Acylierungen.

10.2 Carbonylgruppe: Struktur und Eigenschaften

Um die Reaktionen und Eigenschaften der Carbonylverbindungen ganzheitlich zu verstehen, empfiehlt es sich, zunächst das zentrale Element, das alle Carbonyle aufweisen, unter die Lupe zu nehmen.

Analog zu den Alkenen (▶ Kap. 2) ist auch die Kohlenstoff-Sauerstoff-Doppelbindung der Carbonylgruppe sp^2-hybridisiert. Dementsprechend finden sich eine σ- und eine π-Bindung; die Atome liegen in einer Ebene und weisen einen Winkel von 120° zwischen den Nachbaratomen auf. Die Kohlenstoff-Sauerstoff-Doppelbindung ist mit 124 pm kürzer als die Kohlenstoff-Sauerstoff-Einfachbindungen der Ether und Alkohole, die 143 pm lang sind.

Substanzielle Unterschiede zur C–C-Doppelbindung der Alkene sind, dass das Sauerstoffatom, im Gegensatz zum Kohlenstoffatom, zwei bzw. drei freie Elektronenpaare aufweist (mesomere Grenzstruktur) und dass die Bindung stark polarisiert ist. Aufgrund der hohen Elektronegativität von Sauerstoff (3,44, gegen 2,55 bei Kohlenstoff) und der leichten Polarisierbarkeit von π-Elektronen herrscht am Sauerstoffatom ein deutlicher Elektronenüberschuss, der in der mesomeren Grenzstruktur noch signifikanter ist (◨ Abb. 10.3).

Wie reagieren Alkene? Richtig, die meisten Kohlenstoff-Kohlenstoff-Doppelbindungen werden von einem Elektrophil angegriffen, da eine elektronenreiche Bindung vorhanden ist. Da die Elektronendichte der Carbonylgruppe jedoch in unmittelbarer Nähe des Sauerstoffatoms am höchsten und demnach am Kohlenstoffatom am niedrigsten ist, erfolgt ein nucleophiler Angriff meist am Carbonylkohlenstoffatom. Infolgedessen tritt bei einem elektrophilen Angriff häufig eine Protonierung des stark negativ polarisierten Sauerstoffatoms auf.

- **Keto-Enol-Tautomerie**

> Aldehyde und Ketone treten in jeweils zwei verschiedenen, miteinander im Gleichgewicht stehenden Formen auf. Diese beiden Tautomere werden als Keto- und Enolform (◨ Abb. 10.4) bezeichnet. Es handelt sich dabei um Strukturisomere und nicht um mesomere Grenzformeln!

Die Unterschiede zwischen der Keto- und der Enolform sind die Position der Doppelbindung sowie die Position eines Wasserstoffatoms. Voraussetzung für das Auftreten

◨ **Abb. 10.3** Mesomere Grenzstrukturen der Carbonylgruppe

▣ Abb. 10.4 Keto-Enol-Tautomerie

der Enolform ist, dass das der Carbonylgruppe benachbarte C-Atom ein Proton besitzt, das abgespalten werden kann. Diese Nachbarposition zur Carbonylgruppe wird als α-Position bezeichnet, weshalb besagtes Proton das α-Wasserstoffatom und das Kohlenstoffatom das α-Kohlenstoffatom ist. Sofern kein α-Kohlenstoffatom vorhanden ist, kommt es, wie z. B. bei Formaldehyd, nicht zur Keto-Enol-Tautomerie, sondern nur zur Ausprägung der Ketoform.

> **Zur Keto-Enol-Tautomerie benötigt eine Verbindung ein *a*-Kohlenstoffatom.**

Laut Hart et al. (2007, S. 346) liegen die meisten einfachen Ketone und Aldehyde überwiegend in der Ketoform vor (Aceton z. B. zu 99,9997 %). Dies ist auf die Summe der Bindungsenergien zurückzuführen, die in der Ketoform höher ist als in der Enolform. Die Enolform wird v. a. bei mesomeriestabilisierten Verbindungen (z. B. aromatischen Ringsystemen) bevorzugt.

❓ Aufgabe 1

Welche im Rahmen der Carbonylverbindungen bedeutenden Strukturisomere werden von Benzaldehyd gebildet? Warum ist dies der Fall?

10.3 Aldehyde und Ketone: Allgemeines und Definition

Nach der Einführung der Carbonylgruppe wollen wir zunächst die Aldehyde näher betrachten. Frei aus dem Neulateinischen bedeutet die Kurzform der Bezeichnung *alcoholus dehydrogenatus* so viel wie: „Alkohol, dem der Wasserstoff entzogen wurde". Darüber gibt es nicht viel Diskussionsbedarf. Anders hingegen bei der Frage, ob es der oder das Aldehyd heißt. Gemäß Duden sind beide Bezeichnungen korrekt.

Die an einen (i. d. R.) organischen Rest gebundene, endständige funktionelle Gruppe –CHO ist die Aldehydgruppe (Synonym: Formylgruppe). Bei Aldehyden kann neben dem H-Atom am Carbonylkohlenstoffatom der organische Rest sowohl ein weiteres Wasserstoffatom als auch ein Alkylrest sein. Ist Ersteres der Fall, dann handelt es sich um Formaldehyd (Methanal). Findet sich dort jedoch ein organischer Rest, dann handelt es sich um ein „normales" Aldehyd, genauer gesagt um ein Alkanal (▣ Abb. 10.5). Aldehyde sind formal betrachtet Oxidationsprodukte der primären Alkohole.

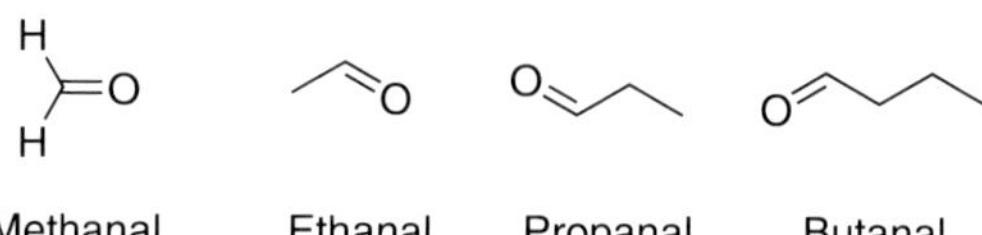

Methanal   Ethanal   Propanal   Butanal
(Formaldehyd)

◨ Abb. 10.5 Die einfachsten Aldehyde

Propanon   Butan-2-on   Pentan-2-on   Pentan-3-on

◨ Abb. 10.6 Die einfachsten Ketone

> **Aldehyde (Alkanale) sind Carbonylverbindungen mit der funktionellen Gruppe –CHO. Für Alkanale gilt die allgemeine Summenformel $C_nH_{2n+1}CHO$ ($n = 0, 1, 2 \ldots$).**

Bei Ketonen hingegen ist die Carbonylgruppe nicht endständig, sondern an zwei organische Reste gebunden (◨ Abb. 10.6). Ketone lassen sich zudem theoretisch als Oxidationsprodukte der sekundären Alkohole auffassen.

> **Allgemein stellt sich eine Ketoverbindung als $R^1R^2C=O$ dar. $C_nH_{2n}O$ ($n = 3, 4, 5\ldots$) stellt die allgemeine Summenformel für Alkanone dar.**

Das einfachste Keton, Propan-2-on, auch Aceton genannt, ist euch sicherlich aus dem Alltag bspw. als Reinigungs- oder Lösungsmittel bekannt (Exkurs „Nagellackentferner").

Nagellackentferner

Aceton sollte uns als Inhaltsstoff von Nagellackentfernen bekannt sein. Hier werden immer häufiger acetonfreie Produkte angeboten, da Aceton die Haut und die Nägel austrocknet. Alternativ kommen Produkte mit Butanon und/oder Ethylacetat zum Einsatz. Wobei diese die Haut und Nägel ebenfalls austrocknen, da natürliche, schützende Fette, gelöst werden. Diese werden zwar nicht so schnell wie durch Aceton gelöst, doch solche Nagellackentferner müssen längere Zeit einwirken und sind daher in der Summe doch nicht mehr so positiv zu bewerten. Allerdings werden künstliche Nägel durch acetonfreie Reiniger nicht angegriffen.

▢ Abb. 10.7 Nummerierung der Kohlenstoffatome eines verzweigten Aldehyds

6-Methylheptanal

FALSCH: 2-Methylheptanal

10.4 Nomenklatur

Die Benennung von Aldehyden und Ketonen gemäß IUPAC ist sehr eingängig. Handelt es sich um ein Aldehyd, dann bekommt der Stammname, also z. B. Methan oder Propan, die Endung „-al", womit sich hier die Namen Methanal (Formaldehyd) und Propanal ergeben. Bei einem Keton würde die Verbindung die Endung „-on" erhalten, wie z. B. Propanon. Es empfiehlt sich sehr, dass ihr euch die Trivialnamen wichtiger Aldehyde und Ketone (v. a. Formaldehyd, Acetaldehyd oder Aceton) merkt, da diese auch heute noch sehr häufig gebraucht werden. Trivialnamen der Ketone werden gebildet, indem das Wort „Keton" an etwaige Alkyl- oder Arylgruppen angehängt wird (z. B. Diphenylketon). Bei verzweigten Aldehyden ist darauf zu achten, dass ausgehend vom Carbonylkohlenstoffatom durchnummeriert wird (▢ Abb. 10.7). Aldehyde mit cyclischen organischen Resten tragen das Suffix „-carbaldehyd". Die Nummerierung von Ketonen startet so, dass die Nummer des Carbonylkohlenstoffatoms möglichst klein gewählt wird.

10.5 Physikalische und chemische Eigenschaften ausgewählter Carbonylverbindungen

Die Aldehyde bilden eine homologe Reihe, deren erste beiden Glieder, Methanal und Ethanal, bei Raumtemperatur gasförmig sind. Das ausgeprägte Dipolmoment der Aldehyde und Ketone bedingt, dass sie signifikant höhere Schmelz- bzw. Siedepunkte aufweisen als Alkane mit der gleichen Molekülmasse. Bei den ersten Vertretern der Reihe ist die Differenz von Schmelz- und Siedepunkten deutlich größer als bei den höheren Homologen wie bspw. bei einer Kettenlänge von zehn C-Atomen (▢ Tab. 10.1). Die – verglichen mit Alkoholen gleicher Molekülmassen – niedrigeren Schmelz- und Siedepunkte sind darauf zurückzuführen, dass Ketone und Aldehyde jeweils untereinander keine Wasserstoffbrückenbindungen ausbilden können (Anmerkung: Mit Wasser ist die Bildung von H-Brücken jedoch möglich, da die H-Atome des Wassers kovalent an ein deutlich elektronegativeres Elektron gebunden und somit partial positiv geladen sind). Die Schmelz- und Siedepunkte von Aldehyden und Ketonen mit

◘ Tab. 10.1 Vergleich der Schmelz- und Siedepunkte ausgewählter Alkane/Alkanale/Alkanone/Alkohole (GESTIS-Stoffdatenbank 2017)

	Schmelzpunkt (°C)	Siedepunkt (°C)	Spannweite (°C)
Propan	−187,7	−42,1	
Aceton	−95	56	
Propanal	−81	49	139
1-Propanol	−126	97	
...	...	...	
Decan	−30	174,0	
2-Decanon	3	211	
Decanal	7	220	56
1-Decanol	7	230	

gleicher Molekülmasse weisen nur sehr geringe Differenzen auf, da die Polarität sehr ähnlich ist. Die oben angesprochene Fähigkeit zur Bildung von Wasserstoffbrücken in wässrigem Medium sowie die Hydratbildung führen dazu, dass Aldehyde/Ketone mit weniger als sechs C-Atomen wasserlöslich sind. Die höheren Aldehyde/Ketone sind hingegen stark durch die unpolaren Alkylreste geprägt, weshalb sich diese Verbindungen in Wasser quasi nicht lösen. Häufig weisen Aldehyde und Ketone charakteristische Gerüche (▶ Abschn. 10.6) auf.

Eine Besonderheit dieser beiden Stoffklassen ist, dass das α-Wasserstoffatom um ein Vielfaches saurer ist (pK_S-Wert nahe dem von Ethanol) als ein Wasserstoffatom an anderen Positionen. Dies liegt zum einen an der positiven Partialladung des Carbonylkohlenstoffatoms, wodurch am α-Kohlenstoffatom ein Elektronenmangel entsteht, da das Carbonylkohlenstoffatom Elektronendichte „zieht", und zum anderen an der Mesomeriestabilisierung des Anions, das bei Deprotonierung entsteht.

Der Vergleich von Ketonen und Aldehyden hinsichtlich ihrer Reaktivitäten zeigt, dass letztere reaktionsfreudiger sind. Dies liegt daran, dass Ketone durch den +I-Effekt der Alkylsubstituenten in ihrer Reaktivität gehemmt werden. Daher werden diese z. B. auch an der Polymerisation gehindert.

❯ **Aldehyde sind i. d. R. reaktiver als vergleichbare Ketone.**

Aldehyde und Ketone gehen v. a. verschiedenste Additions- und Kondensationsreaktionen ein. Der Nachweis von Aldehyden kann mit der **Tollens**-, **Fehling**- sowie

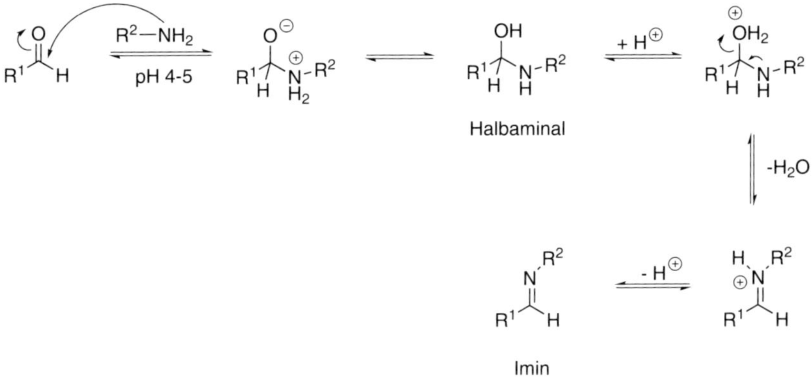

Halbaminal

-H₂O

Imin

◘ Abb. 10.8 Kondensation zu Iminen

Schiff'schen Probe erfolgen, wohingegen Ketone nicht mit der Fehlingprobe, die auf einem recht milden oxidativen Mechanismus beruht, nachgewiesen werden können. Bei der Fehling-Probe werden die Aldehyde mithilfe von zweiwertigen Kupferionen zu Carbonsäuren oxidiert, die Kupferionen werden zu Cu^+ reduziert. Bei der Tollens-Probe (auch Silberspiegelprobe genannt, da sich elementares Silber niederschlägt) werden einwertige Silberionen zu metallischem Silber reduziert. Die Aldehyde werden dabei, wie bei der Fehling-Probe, zu Carbonsäuren oxidiert. Die Schiff'sche Probe ist ein Nachweisverfahren speziell für Aldehyde, wobei diese aber nicht oxidiert werden. Bei der Probe wird der rote Farbstoff Fuchsin mit Schwefelsäure versetzt, wodurch sich ein komplexeres farbloses Molekül bildet, das Schwefel enthält. Wird ein Aldehyd zugegeben, verbinden sich zwei Aldehydmoleküle mit diesem farblosen Molekül und nach weiteren, sehr komplexen Reaktionsschritten entsteht ein rot-violettes Molekül.

? Aufgabe 2
a)   Warum lassen sich Ketone nicht mit der Fehling-Probe nachweisen?
b)   Unter welchen Bedingungen lassen sich Ketone möglicherweise mit der Fehling-Probe nachweisen?

Ist das doppelt gebundene Sauerstoffatom eines Aldehyds oder Ketons durch ein doppelt gebundenes Stickstoffatom ersetzt, handelt es sich um ein Imin (◘ Abb. 10.8). Die C=N-Doppelbindung erlaubt verschiedene Stereoisomere. Das Stickstoffatom des Imins kann schlechter Protonen anlagern, als es korrespondierende Amine können, da das freie Elektronenpaar sp^2-hybridisiert und nicht wie im Fall des Amin sp^3-hybridisiert ist. Hieraus resultiert eine geringere Basizität vergleichbarer Amine und Imine. Weitere Eigenschaften der Imine können aus denen der Carbonylgruppe im Allgemeinen abgeleitet werden. Die Bedeutung der Imine für chemische Synthesen ist als nicht überaus hoch einzustufen, da das Anwendungsspektrum sehr spezifisch und begrenzt ist.

10.6 Vorkommen, Gewinnung und Verwendung ausgewählter Carbonylverbindungen

Wird ein angenehmer Geruch wahrgenommen, dann sind nicht selten Ketone im Spiel. Als wohlriechende aromatische Carbonylverbindungen kommen bspw. Zimtaldehyd und Vanillin in der Natur vor. Für die Anwendung als Duftstoffe lassen sich Aldehyde und Ketone durch aufwendiges Destillieren (z. B. aus Pflanzen) extrahieren, weshalb sie i. d. R. sehr teuer sind.

Aldehyde und Ketone geben als Aromen zahlreichen Lebensmitteln ihren charakteristischen Geruch/Geschmack bzw. tragen dazu bei, diesen zu erzeugen. Rheosmin, das für den typischen Geruch von Himbeeren verantwortlich ist, wird auch als Himbeerketon bezeichnet und hat eine große Bedeutung für die industrielle Aromatisierung von Lebensmitteln (Marsili 2001).

Aldehyde können durch Oxidation von primären Alkoholen hergestellt werden, wohingegen der Einsatz sekundärer Alkohole Ketone liefert. Über eine **Friedel-Crafts-Acylierung** (◘ Abb. 10.9) können Carbonyle aus Säurehalogeniden erhalten werden. Weiterhin können Alkine hydrolysiert werden. Aceton und Formaldehyd haben eine sehr große Bedeutung als Vorstufen verschiedenster organischer Synthesen. Formaldehyd ist für die Produktion von Kunstoffen und Harzen sehr bedeutsam.

Imine können bspw. hydrolysiert, reduziert oder als Liganden eingesetzt werden und gehen eine Vielzahl weiterer Reaktionen ein. Wir werden an dieser Stelle jedoch nicht näher auf Imine eingehen, da die Reaktionen bzw. die Mechanismen größtenteils analog zu denen der Aldehyde und Ketone ablaufen. In aller Regel spielen sie auch in organisch-chemischen Prüfungen eine eher untergeordnete Rolle. Wobei hier natürlich auch Ausnahmen die Regel bestätigen.

◘ **Abb. 10.9** Friedel-Crafts-Acylierung

✔ Lösungen zu den Aufgaben

Lösung 1

Es kann im Fall des Benzaldehyds lediglich die Ketoform ausgebildet werden. Dies liegt darin begründet, dass die Verbindung kein α-Kohlenstoffatom aufweist und daher die Enolform nicht gebildet werden kann.

Lösung 2

a)   Es ist nicht möglich, Ketone mit der Fehling-Probe nachzuweisen, da die Keto-gruppe unter diesen Bedingungen nicht (weiter) oxidiert werden kann.

b)   Ketone lassen sich lediglich indirekt nachweisen. Wenn zwei unbekannte Verbindungen vorliegen, von denen eine ein Keton und die andere ein Aldehyd ist, dann kann dieser indirekte Nachweis erbracht werden.

Literatur

GESTIS-Stoffdatenbank (2017) http://www.dguv.de/ifa%3B/gestis/gestis-stoffdatenbank/index.jsp. Zugegriffen: 04. Feb 2017

Hart H, Craine L, Hart D, Hadad C (2007) Organische Chemie. Wiley, Weinheim

Marsili R (2001) Flavor, fragrance, and odor analysis. CRC Press, Boca Raton

Carbonsäuren und ihre Derivate (Ester, Amide...)

Stefanie Federle, Stefanie Hergesell, Sebastian Schubert

© Springer-Verlag GmbH Deutschland 2017
S. Federle, S. Hergesell, S. Schubert, *Die Stoffklassen der organischen Chemie*,
https://doi.org/10.1007/978-3-662-54968-1_11

Die in der Natur (relativ gesehen) zwar eher in kleinen Mengen vorkommenden, aber dennoch weit verbreiteten Carbonsäuren sind durch die Carboxygruppe (–COOH) charakterisiert. Bei den entsprechenden Derivaten ist die OH-Gruppe der Säure durch eine andere Gruppe ersetzt. Aufgrund ihrer Molekülzusammensetzung und -struktur liegen die niedrigeren Carbonsäuren meist als Dimere vor, was zu relativ hohen Schmelz- und Siedepunkten führt. Die O-Atome der Carboxygruppe ziehen stark Elektronendichte zu sich, sodass H^+-Ionen leichter dissoziieren können. Die Anionen sind mesomeriestabilisiert, weshalb diese Form begünstigt ist. Carbonsäuren und einige ihrer Derivate sind in der Lebensmittelindustrie häufig verwendete Zusatzstoffe. Carbonsäuren sind zwar gut handhabbar, doch wenig reaktiv. Daher werden Derivate, wie z. B. die besonders reaktiven Alkanoylhalogenide, gerne als Alternativen genutzt, falls eine Reaktion nicht mit einer Carbonsäure durchführbar ist.

11.1 Allgemeines und Definition

Ob in Balsamico, in Äpfeln oder in Sauerkraut, überall in unserer Nahrung finden sich Carbonsäuren. In diesem Kapitel stehen Carbonsäuren sowie ihnen nahestehende Verbindungen im Mittelpunkt. Die funktionelle Gruppe heißt hier „Carboxygruppe", sie kann als Kombination der Carbonyl- sowie der Hydroxygruppe aufgefasst werden (◘ Abb. 11.1). Mitunter findet sich in Lehrbüchern noch die veraltete Bezeichnung „Carboxylgruppe", die jedoch nicht mehr verwendet werden sollte.

> Carbonsäuren sind organische Verbindungen, die eine oder mehrere Carboxygruppen (–COOH) tragen und allgemein als R–COOH geschrieben werden können. Derivate der Carbonsäuren sind dadurch charakterisiert, dass die OH-Gruppe der Säure durch eine andere Gruppe (z. B. $-NH_2$) ausgetauscht wurde. Durch eine Hydrolyse kann aus den Carbonsäurederivaten die Carbonsäure erhalten werden.

In ◘ Abb. 11.2 sind die wichtigsten Derivate der Carbonsäuren dargestellt. Vom Carbonsäurechlorid ausgehend nimmt die Reaktivität im Uhrzeigersinn ab.

Auch Fettsäuren (◘ Abb. 11.3) gehören zu den Carbonsäuren. Definitionsgemäß sind (natürliche) Fettsäuren i. d. R. unverzweigte aliphatische Monocarbonsäuren (mit mindestens vier Kohlenstoffatomen).

11.2 Physikalische und chemische Eigenschaften ausgewählter Carbonsäuren

In der homologen Reihe der Carbonsäuren stehen zu Anfang einfache Carbonsäuren mit kurzen Alkylresten, die sich als scharf oder unangenehm riechende, farblose Flüs-

O Abb. 11.1 Die Carboxygruppe

Carbonsäurechlorid

Carbonsäureanhydrid

Thioester

Carbonsäureamid

Carbonsäureester

O **Abb. 11.2** Übersicht über die wichtigsten Carbonsäurederivate; Reaktivität nimmt im Uhrzeigersinn ab

sigkeiten beschreiben lassen. Die polaren Carbonsäuren bilden untereinander oder mit anderen Molekülen Wasserstoffbrückenbindungen aus. Die Molekülstruktur führt dazu, dass sich durch Wasserstoffbrücken Dimere mit höheren Molekülmassen bilden, die zu höheren Siedepunkten führen (O Abb. 11.4). Auch die Wasserlöslichkeit der kurzkettigen Carbonsäuren kann durch Wasserstoffbrücken erklärt werden. Lediglich die ersten vier Vertreter der homologen Reihe sind wasserlöslich, da hierbei der Einfluss der polaren Eigenschaften der Carboxygruppe gegenüber den unpolaren Alkylketten überwiegt.

Die Carboxygruppe bestimmt in besonderem Maße die chemischen und physikalischen Eigenschaften der Carbonsäuren. Von beiden Sauerstoffatomen der funktionellen Gruppe geht ein elektronenziehender Effekt aus. Dieser die Bindung polarisierende Effekt ist beim Sauerstoffatom der C=O-Bindung besonders stark ausgeprägt, sodass aus der OH-Gruppe sehr leicht H^+-Ionen freigesetzt werden können (O Abb. 11.5). Das Besondere am Elektronenzug durch das doppelt gebundene O-Atom ist, dass dadurch das Anion der Carbonsäure (Carboxylatanion) sehr gut stabilisiert werden kann. Dies liegt daran, dass auf diese Weise die Elektronendichte am negativ geladenen

Palmitinsäure
$C_{16}H_{32}O_2$

Stearinsäure
$C_{18}H_{36}O_2$

Linolsäure
(cis,cis)-Octadeca-9,12-diensäure
$C_{18}H_{32}O_2$

Abb. 11.3 Palmitinsäure, Stearinsäure und Linolsäure sind Beispiele für Fettsäuren

Abb. 11.4 Carbonsäuredimer

Abb. 11.5 Deprotonierung von Essigsäure

Sauerstoff reduziert wird und die Polarität des Anions gesenkt ist, was wiederrum dessen Stabilität begünstigt.

Zur Bestimmung der Säurestärke ist es wichtig, das bei der Deprotonierung zurückbleibende Anion zu betrachten. Das Carboxylatanion ist mesomeriestabilisiert, d. h. die negative Ladung kann sich gleichmäßig auf beide Sauerstoffatome verteilen, weshalb die deprotonierte Form der Carbonsäure begünstigt ist (**Abb. 11.6**). Sehr eindrucksvoll kann dies am Vergleich Ethanol – Essigsäure verdeutlicht werden.

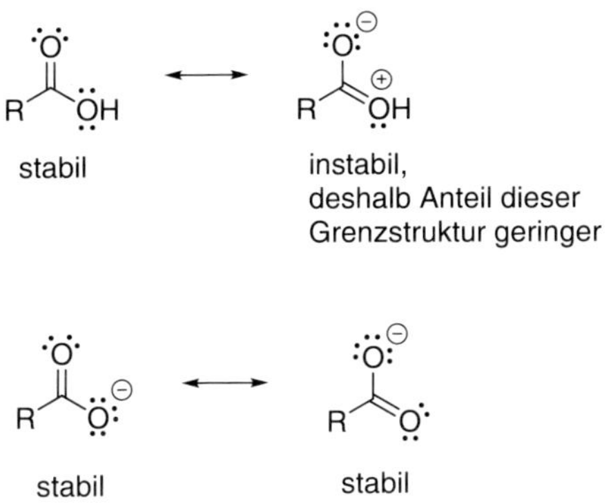

Abb. 11.6 Vergleich der mesomeren Grenzstrukturen einer Carbonsäure und eines Carboxylats

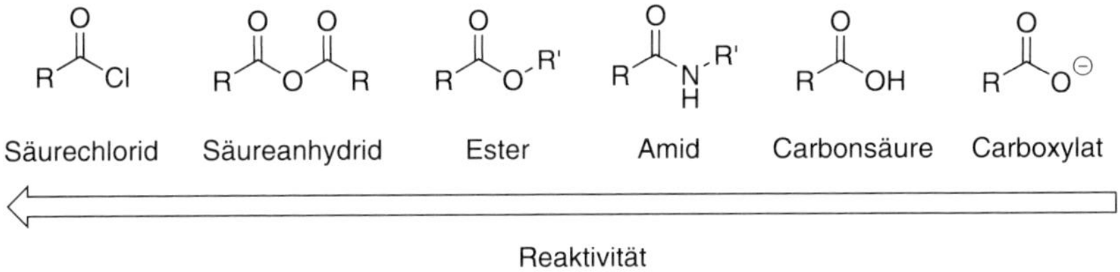

Abb. 11.7 Reaktivität der Carbonsäurederivate (steigende Reaktivität von rechts nach links)

Die beiden Verbindungen unterscheiden sich lediglich dadurch, dass zwei Wasserstoffatome gegen ein Sauerstoffatom ausgetauscht wurden. Doch aufgrund der Eigenschaften des Anions ist die Essigsäure eine 10^{11}-fach (hundertausendmillionenfach) stärkere Säure als Ethanol.

Durch die Einführung elektronenziehender Substituenten (bspw. −Cl) am α-Kohlenstoffatom kann die Acidität einer Carbonsäure gesteigert werden. Dadurch erhält die Carboxygruppe eine positive Partialladung, die die negative Ladung des Anions besser ausgleichen (stabilisieren) kann. So hat Essigsäure einen pK_S-Wert von 4,74, wohingegen der pK_S-Wert von Acetylchlorid bei 2,82 liegt. Die Säurehalogenide zeichnen sich im Vergleich zu den übrigen Carbonylverbindungen durch die größte Reaktivität aus. So sind zahlreiche Reaktionen, die mit Carbonsäuren nicht oder nur unter besonderen Bedingungen möglich sind, mit Carbonsäurehalogeniden leicht bzw. leichter durchführbar (Bruice 2011). Ein Beispiel für solch einen Fall ist die in ▶ Kap. 10 beschriebene Friedel-Crafts-Acylierung. Wir müssen jedoch bei der Handhabung der Säurehalogenide größere Vorsicht walten lassen, da diese allesamt brennbar sind. Zudem ist eine möglichst trockene Lagerung dieser Chemikalien unabdingbar, da es sehr schnell zu einer Hydrolyse kommt, die wiederum mit einer Wärmeentwicklung einhergeht.

◨ **Abb. 11.8** Säurekatalysierte Darstellung eines Carbonsäureesters aus einer Carbonsäure und einem Alkohol

◨ **Abb. 11.9** Synthese eines Carbonsäureesters aus einem Carboxylat und einem Halogenalkan durch S_N2-Reaktion

Die Reaktivität weiterer Carbonsäurederivate kann ◨ Abb. 11.7 entnommen werden. Dabei zeigt das Carbonsäurechlorid die höchste Reaktivität.

Durch Zugabe einer starken Base zu einer Carbonsäure kommt es zur Salzbildung. Wollen wir einen Carbonsäureester darstellen (◨ Abb. 11.8), setzen wir eine Carbonsäure mit einem Alkohol sowie einem sauren Katalysator (z. B. Schwefelsäure) um. Ein gerne verwendeter Merkspruch ist hier: „Säure plus Alkohol gleich Ester plus Wasser.“

❓ Aufgabe 1

Warum werden Carbonsäuren nicht mit einem basischen Katalysator verestert?

Eine weitere wichtige Methode zur Estersynthese ist der Umsatz von Metallcarboxylaten, wie bspw. einem Natriumcarboxylat, mit einem (vorzugsweise) primären Halogenalkan in einer S_N2-Reaktion. Das Carboxylatanion verhält sich in dieser Reaktion als ein Nucleophil (◨ Abb. 11.9). Weiterhin können Carbonsäuren mit $SOCl_2$ (Thionylchlorid) in die entsprechenden Säurechloride überführt werden.

❓ Aufgabe 2

Wie wird die Carboxygruppe in einer Reaktion angegriffen? Nucleophil oder elektrophil? Begründe.

11.3 Nomenklatur

Gemäß IUPAC wird eine Carbonsäure durch das Anhängen des Suffix „-säure“ an den Namen des korrespondierenden Alkans (oder Alkens/Alkins) gebildet. Die Nummerierung bei verzweigten Säuren orientiert sich am α-Kohlenstoffatom der Carboxygruppe. Diese funktionelle Gruppe hat die höchste Priorität bei der Benennung und

▣ Tab. 11.1 Nomenklatur der Carbonsäurederivate

Carbonsäurederivat	Benennung	Beispiel
Carbonsäure-halogenid	Gemäß IUPAC wird „-oylhalogenid" als Suffix genutzt. Häufig wird jedoch noch der Name aus der Bezeichnung des Stamms der Säuregruppe und der Endung „-halogenid" gebildet (▣ Abb. 11.10)	IUPAC: Ethan-oylchlorid alternativ: Acetylchlorid
Carbonsäure-anhydrid	Nutzung des Suffix „-anhydrid"	Ethansäure-anhydrid
Ester	Gemäß IUPAC-Nomenklatur werden diese Verbindungen Alkylalkanoate genannt, im Deutschen jedoch häufig auch als „-ester" bezeichnet. Cyclische Ester sind Lactone	IUPAC: Ethylethanoat alternativ: Essigsäure-ethylester
Amid	Bezeichnung als Alkanamid. Substituenten am Stickstoffatom werden durch den Vorsatz *N*- oder *N,N*- (abhängig von der Anzahl) gekennzeichnet. Je nach Anzahl der Substituenten am Stickstoffatom werden primäre, sekundäre und tertiäre Amide unterschieden. Cyclische Amide sind Lactame	IUPAC: *N*-Methyl-ethanamid

damit bspw. Vorrang vor Alkohol, Aldehyd- und Ketofunktionalitäten (siehe folgende Auflistung der Prioritäten).

Carbonsäure (höchste Priorität) > Carbonsäureanhydrid > Ester > Säurehalogenid > Säureamid > Nitril > Aldehyd > Keton > Alkohol > Phenol > Thiol > Amin > Ether > Alken > Alkin > org. Halogenverbindung > Alkane (niedrigste Priorität)

Bei cyclischen Carbonsäuren wird, ausgehend von der entsprechenden Stammverbindung, das Suffix „-carbonsäure" angehängt (z. B. Cyclopentancarbonsäure). Zur Bezeichnung aromatischer Carbonsäuren wird gemäß IUPAC als Suffix „-oesäure" verwendet. Ein prominenter Vertreter der aromatischen Carbonsäuren ist die Benzoesäure, die uns fast täglich im Alltag in der Form eines Konservierungsstoffs in Lebensmitteln begegnet. Carbonsäuren mit zwei Carboxygruppen werden allgemein als Dicarbonsäuren bezeichnet, an den Namen des Stammes wird das Suffix „-disäure" (z. B. Propandisäure) angehängt (▣ Tab. 11.1, ▣ Abb. 11.10).

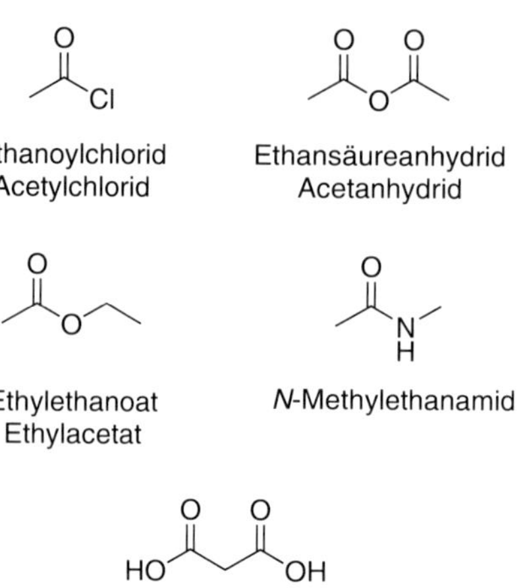

◘ Abb. 11.10 Verschiedene Carbonsäurederivate

11.4 Vorkommen, Gewinnung und Verwendung ausgewählter Carbonsäuren

Carbonsäuren sind in der Natur sehr weit verbreitet und finden sich nahezu täglich auf dem Speiseplan zahlreicher Menschen. Dies kann z. B. recht offensichtlich in Form von Essig oder eher versteckt in Form von Säuerungsmitteln der Fall sein, z. B. Citronensäure in vielen Softdrinks. Viele der einfachen Carbonsäuren sind jedoch nur in sehr kleinen Anteilen in Lebensmitteln enthalten. Der charakteristische Geruch und Geschmack des Essigs ist auf seinen Gehalt von 4–5 % Essigsäure zurückzuführen. In Reinform sind Carbonsäuren bzw. ihre Derivate stark ätzend und/oder toxisch. Carbonsäureester kommen in Früchten besonders häufig vor.

Zur Synthese von Carbonsäuren gibt es im Wesentlichen vier Methoden (◘ Abb. 11.11; Hart et al. 2007, S. 372):

- Oxidation primärer Alkohole/Aldehyde
- Oxidation von Alkylseitenketten aromatischer Ringsysteme
- Umsetzung von Grignard-Verbindungen mit CO_2
- saure oder basische Hydrolyse von Alkylcyaniden (Nitrilen)

Carbonsäureester werden in Anwesenheit eines sauren Katalysators durch die Veresterung einer Carbonsäure mit einem Alkohol gewonnen. Hierbei muss darauf geachtet werden, dass es sich um eine Gleichgewichtsreaktion handelt. Amide lassen sich bei hohen Temperaturen aus entsprechenden Ammoniumsalzen gewinnen.

Abb. 11.11 Synthese von Carbonsäuren

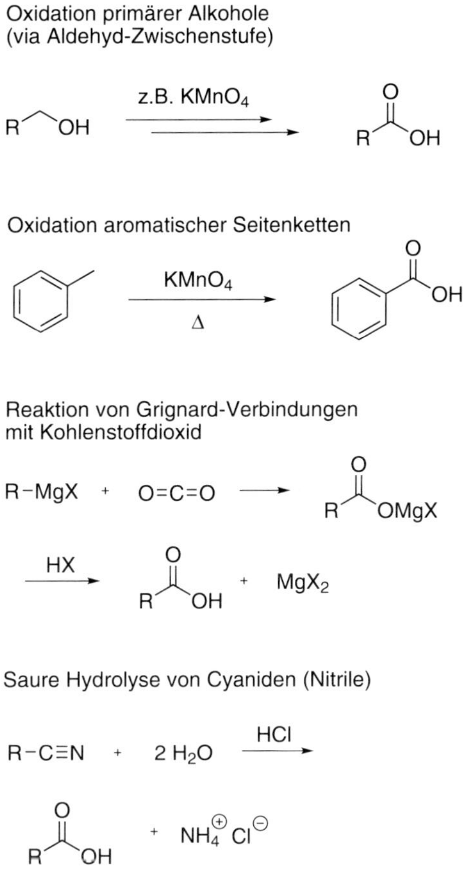
Oxidation primärer Alkohole
(via Aldehyd-Zwischenstufe)
z.B. KMnO4
R OH
O
R OH
Oxidation aromatischer Seitenketten
KMnO4
Δ
O
OH
Reaktion von Grignard-Verbindungen
mit Kohlenstoffdioxid
R−MgX + O=C=O
O
R OMgX
HX
O
R OH
+ MgX2
Saure Hydrolyse von Cyaniden (Nitrile)
R−C≡N + 2 H2O
HCl
O
R OH
+ NH4 Cl

Carbonsäuren sowie ihre Ester werden vor allem in der Lebensmittelindustrie eingesetzt. Die überwiegende Mehrheit der Säuren wird hierbei zur Konservierung, als Stabilisator, Emulgator oder Säuerungsmittel eingesetzt. Allerdings sind die Wirkungen auf die menschliche Gesundheit teilweise umstritten. Ester werden v. a. zur Aromatisierung von Speisen und Getränken genutzt. Alkanoylhalogenide dienen aufgrund ihrer hohen Reaktivität v. a. als Vorprodukte für Synthesen (z. B. Veresterung oder **Friedel-Crafts-Acylierung**, ▶ Kap. 10), die mit normalen Carbonsäuren nicht oder nur eingeschränkt ablaufen würden. Carbonsäureamide werden in erster Linie als Lösungsmittel sowie zur Synthese von Kunststoffen und Pharmazeutika eingesetzt.

✓ Lösungen zu den Aufgaben

Lösung 1

Theoretisch ist eine basische Veresterung ebenfalls möglich. Dazu müsste jedoch der Alkohol acider sein als die Carbonsäure, was sehr selten der Fall ist. Alternativ wäre es möglich, einen Umweg über das Alkylhalogenid zu wählen.
Im Basischen wird zuerst die Carbonsäure deprotoniert. Aufgrund der Mesomeriestabilisierung des Carboxylatanions ist das Carbonylkohlenstoffatom nicht mehr ausreichend elektrophil, um den Angriff des Alkoholsauerstoffatoms zu ermöglichen. Aus diesen Gründen wird die sauer katalysierte Veresterung genutzt.

Lösung 2

Aufgrund der Elektronegativitätsdifferenz zwischen dem Sauerstoff- und dem Kohlenstoffatom trägt das Kohlenstoffatom eine positive Partialladung, wodurch das Carboxylkohlenstoffatom leicht nucleophil angreifbar ist.

Literatur

Bruice P (2011) Organische Chemie: Studieren kompakt. Pearson, München
Hart H, Craine L, Hart D, Hadad C (2007) Organische Chemie. Wiley, Weinheim

Nitroverbindungen

Stefanie Federle, Stefanie Hergesell, Sebastian Schubert

Bei einer organischen Nitroverbindung ist mindestens eine Nitrogruppe (–NO$_2$) an ein C-Atom eines organischen Rests gebunden (R–NO$_2$). Die oxidierend wirkende –NO$_2$-Gruppe ist mesomeriestabilisiert und übt auf aromatische Systeme einen negativen induktiven Effekt aus. Nitroverbindungen sind wichtige Synthesezwischenprodukte und werden darüber hinaus als Treibstoffe im Motorsport, als Sprengstoffe sowie in der Farbstoffindustrie eingesetzt.

12.1 Allgemeines und Definition

Ist mindestens eine Nitrogruppe (–NO$_2$) an ein C-Atom eines organischen Rests gebunden, sprechen wir von einer organischen Nitroverbindung, die sich ganz allgemein als R–NO$_2$ darstellt (◘ Abb. 12.1). Wir müssen hier speziell darauf achten, über welches ihrer Atome die Nitrogruppe an den besagten Rest gebunden ist. Nur wenn die Gruppe über ihr N-Atom verbunden, ist handelt es sich um eine organische Nitroverbindung. Befindet sich noch ein weiteres Stickstoffatom zwischen der Nitrogruppe und den Kohlenstoffresten (R^{1}R^{2}N–NO$_2$), liegt ein nitriertes Amin vor, das zu den N-Nitroverbindungen zählt. Erfolgt hingegen die Bindung über das Sauerstoffatom der Nitrogruppe, liegt ein sog. Salpetrigsäureester (R–O=N=O) vor.

Wie wir es bereits bei anderen Stoffklassen in diesem Buch kennengelernt haben, müssen wir auch Nitroverbindungen dahingehend unterscheiden, ob es sich um aliphatische oder aromatische Moleküle handelt. Letztere zeichnen sich durch eine vergleichsweise höhere Stabilität aus.

> Organische Verbindungen mit einer oder mehreren Nitrogruppen (–NO$_2$) am Kohlenstoffatom eines organischen Rests sind Nitroverbindungen. Solch eine Verbindung kann weiterhin als aliphatisch oder aromatisch klassifiziert werden.

Die –NO$_2$-Gruppe ist mesomeriestabilisiert und trägt eine negative Ladung an einem Sauerstoff- sowie eine positive Ladung am Stickstoffatom. Als Element der zweiten Periode kann N keine fünf Bindungen eingehen, sodass von einem neutralen und einem negativ geladenen Sauerstoffatom auszugehen ist. Sollte die –NO$_2$-Gruppe Teil einer aromatischen Verbindung sein, übt sie einen negativen induktiven Effekt (–M-Effekt; ▶ Abschn. 4.7) aus und desaktiviert folglich den Benzolring bei einer elektrophilen Substitution am Ring.

12.2 Eigenschaften ausgewählter Nitroverbindungen

Nitroverbindungen, vor allem solche mit mehreren Nitrogruppen, sind z. T. hoch brisant, da sie neben dem Elektronen aufnehmenden Oxidationsmittel auch das Elektro-

▣ Abb. 12.1 Die Nitrogruppe

▣ Abb. 12.2 Pikrinsäure

nen abgebende Reduktionsmittel in sich tragen und mehr gasförmige Reaktionsprodukte mit hohem Raumbedarf bilden.

Nitroverbindungen sind lipophil. Die Fettlöslichkeit bedingt, dass diese oft gesundheitsgefährdenden Chemikalien sehr gut und damit rasch über die Haut resorbiert werden können. Deshalb ist hier zusätzliche Vorsicht angebracht.

> **❶ Achtung**
>
> Pikrinsäure (▣ Abb. 12.2) ist ein Trinitrophenol. Sie findet sich in Laboren und auch heute leider gelegentlich noch in alten Schulbeständen – doch Vorsicht! Solange die feste Pikrinsäure mit Wasser versetzt ist, sprich in Wasser aufbewahrt wird (Wassergehalt mindestens 30 %), besteht keine Gefahr, da die Säure auf diese Weise weniger empfindlich ist. Der Fachmann spricht davon, dass ein explosiver Stoff „phlegmatisiert" ist. Nicht phlegmatisierte, also trockene Pikrinsäure, ist hoch explosiv, sodass sie bereits durch Schlag oder Reibung zur Detonation gebracht werden kann (Köhler et al. 2008). Diese Tatsache macht getrocknete Altbestände (v. a. an Schulen) so gefährlich. Diese dürfen niemals selbst entsorgt werden, sondern es muss der Kampfmittelräumdienst verständigt werden! Wasser bietet sich zur Phlegmatisierung an, da Nitrophenole nur schwer wasserlöslich sind, was daran liegt, dass diese Verbindungen wenig polar sind. Wobei es hier innerhalb der homologen Reihe mitunter Abweichungen gibt. So ist 2-Nitrophenol deutlich schlechter wasserlöslich (intramolekulare H-Brücken) als 3-Nitrophenol.

12.3 Aliphatische Nitroverbindungen

12.3.1 Nomenklatur

Ausgehend von der Nomenklatur der Alkane (▶ Abschn. 1.4) wird Nitroverbindungen das Präfix „Nitro-" vorangestellt (z. B. Nitromethan). Die Position der Nitrogruppe

Chloressigsäure $\xrightarrow[-\ NaCl]{NaNO_2}$ Nitroessigsäure $\xrightarrow[-\ CO_2]{\Delta}$ O_2N-CH_3 Nitromethan

Chloressigsäure   Nitroessigsäure   Nitromethan

◘ Abb. 12.3 Synthese von Nitromethan aus Chloressigsäure und Natriumnitrit

wird durch ein entsprechendes numerisches Präfix, wie 1-Nitropropan oder 2-Nitro-propan, kenntlich gemacht.

Vorsicht ist bei irreführenden Trivialnamen oder historischen Bezeichnungen angebracht. In manchen Fällen handelt es sich gar nicht um eine organische Nitro-verbindung. Dies gilt z. B. für Nitroglycerin. Der Sprengstoff muss eigentlich als ein Trisalpetersäureglycerinester betrachtet werden.

12.3.2 Eigenschaften

Aliphatische Nitroverbindungen weisen z. T. deutlich höhere Schmelz- und Siede-punkte auf als korrespondierende Alkane oder Alkohole. Methan schmilzt z. B. bei −183 °C, Methanol bei −98 °C und Nitromethan bei −29 °C.

Primäre und sekundäre Nitroalkane zeichnen sich durch eine relativ hohe CH-Acidität am α-C-Atom aus (*Anmerkung*: Das zugehörige H-Atom kann auch als α-H-Atom bezeichnet werden.). Eine basische Deprotonierung ist einfach möglich. Die relativ hohe Säurestärke resultiert daraus, dass das Anion durch den negativen induktiven Effekt (−I-Effekt) der Nitrogruppe stabilisiert und die Ladung zudem me-someriestabilisiert wird (Bruice 2011).

12.3.3 Gewinnung und Verwendung

Ein gängiger Weg zur Gewinnung von aliphatischen Nitroverbindungen ist die nucle-ophile Substitution von Alkylhalogeniden mit anorganischen Nitriten wie Silber- oder Natriumnitrit. So kann zum Beispiel Chloressigsäure durch Reaktion mit Natrium-nitrit in Nitroessigsäure umgewandelt werden (◘ Abb. 12.3). Bei Erhitzen spaltet Nitroessigsäure CO_2 ab, und es bildet sich Nitromethan.

Aliphatische Nitroverbindungen sind vielseitig einsetzbar. Bei der **Henry-Reaktion** kommt es z. B. zu einer Kupplung des α-Kohlenstoffatoms einer aliphatischen Nitro-verbindung mit einer Carbonylverbindung (◘ Abb. 12.4). Unter Ausbildung einer C-C-Bindung entsteht ein β-Nitroalkohol. Die **Nef-Reaktion** dient dazu, Nitrogrup-

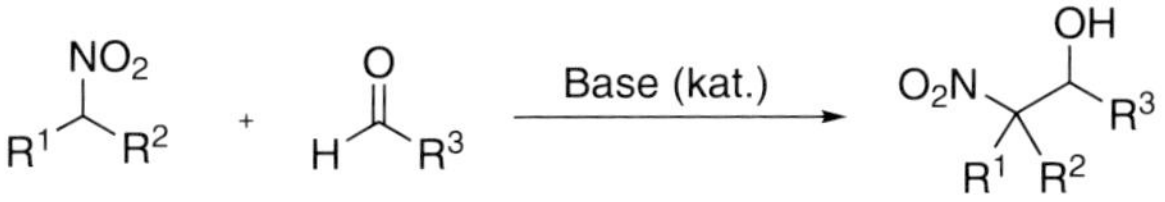

□ **Abb. 12.4** Henry-Reaktion

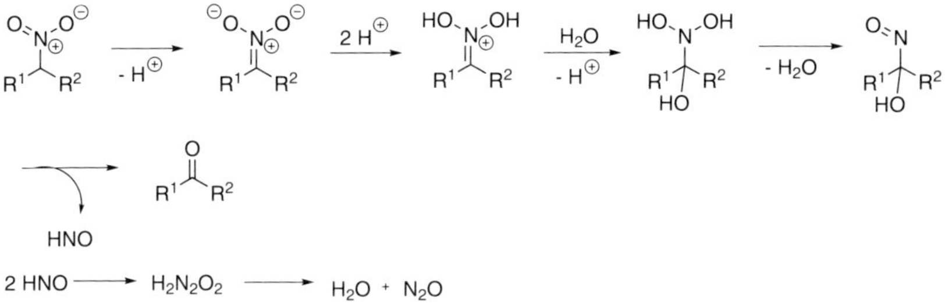

□ **Abb. 12.5** Nef-Reaktion

pen in Carbonylgruppen zu überführen (□ Abb. 12.5). Dies können wir im Labor durchführen, indem wir ein primäres oder sekundäres Nitroalkan säurekatalysiert in das entsprechende Aldehyd oder Keton überführen. Zudem wird bei dieser Reaktion Distickstoffmonoxid frei (Bruice 2011).

Neben ihrer Bedeutung als Zwischenprodukte, z. B. für die Kunststoffherstellung, werden aliphatische Nitroverbindungen als Lösungsmittel und Treibstoffe eingesetzt. Als Treibstoff für ferngesteuerte Modelle (Autos, Flugzeige etc.) sowie im Motorsport wird häufig Nitromethan verwendet, und es kommen oft Methanol/Nitromethan-Gemische zum Einsatz, die die Leistung gegenüber „normalen Kraftstoffen" deutlich steigern. Dies liegt u. a. daran, dass die spezifische Energiemenge im Brennraum mehr als dem Doppelten der Energiemenge von Isooctan entspricht (Trzesniowski 2014). Aromatischen Nitroverbindungen kommt eine sehr große industrielle Relevanz zu, da diese deutlich besser zu handhaben sind als ihre aliphatischen Verwandten. Für die Herstellung von bspw. Pflanzenschutzmitteln, Farbstoffen oder pharmazeutischen Erzeugnissen werden aromatische Nitroverbindungen häufig eingesetzt.

? Aufgabe 1

Was könnte ein weiterer Grund dafür sein, dass Nitromethan sowie Methanol eine höhere Leistung bei der Verbrennung liefern, als dies „normale Kraftstoffe" tun?

12.4 Nitroaromaten

12.4.1 Eigenschaften

Allgemein kommt es durch die Nitrogruppe zu einer Polarisation des Moleküls durch ein (zusätzliches) Dipolmoment.

Aufgrund des Elektronenzugs der Nitrogruppe kommt es zu einem negativen induktiven Effekt (−I-Effekt). Weiterhin übt die Nitrogruppe einen negativen mesomeren Effekt (−M-Effekt) aus, der Elektronendichte aus dem Molekül bzw. dessen Doppelbindungen (z. B. eines Benzolrings) abzieht. Die Nitrogruppe ist ein meta-dirigierender Substituent 2. Ordnung.

Vor allem mehrfach nitrierte Aromaten zeigen eine starke Neigung zur Explosion. Je mehr Nitrogruppen die Verbindung trägt, desto mehr gasförmige Reaktionsprodukte mit einem hohen Raumbedarf werden gebildet. Folglich steigt die Brisanz solch einer Verbindung mit der Zahl der gebundenen Nitrogruppen.

? Aufgabe 2

Was ist ein weiterer, wichtiger Faktor neben der Anzahl der gebundenen Nitrogruppen, wenn es darum geht, die Explosionsneigung einer organischen Nitroverbindung abzuschätzen?

? Aufgabe 3

Warum ist eine organische Nitroverbindung häufig deutlich explosiver als ein klassischer Sprengstoff, z. B. Schwarzpulver?

Nitroaromaten wirken aufgrund ihrer toxischen Eigenschaften häufig als Umweltgifte. Da sie in der Sprengstoffindustrie weit verbreitet sind, zeigen stillgelegte deutsche Sprengstofffabriken bzw. deren Umgebung selbst nach Jahrzehnten noch signifikante Kontaminationen (Vohr 2012).

12.4.2 Gewinnung und Verwendung

Die Standardmethode zur Synthese von Nitroaromaten ist die Nitrierung von aromatischen Verbindungen unter Einsatz von Nitriersäure (■ Abb. 12.6). Diese ist ein Gemisch aus Schwefel- und Salpetersäure, die das Nitroniumion NO_2^+ (aktive Spezies) freisetzt. Diese Reaktion gehört zu den elektrophilen aromatischen Substitutionen.

Nitroaromaten, vor allem mehrfach nitrierte Aromaten wie 2,4,6-Trinitrotoluol (TNT), finden als Sprengstoffe Anwendung. Weiterhin werden Nitroaromaten (z. B. Xylolmoschus) mitunter als Duftstoffe eingesetzt, die gesundheitlich jedoch nicht

Abb. 12.6 Nitrierung von Benzol

unbedenklich sind. Aufgrund dessen ist die Verwendung in Kosmetika in manchen Ländern stark reglementiert (Vohr 2012).

Abschließend ist noch zu erwähnen, dass Nitroaromaten wichtige Synthesezwischenprodukte darstellen. Sie dienen z. B. in der Farbstoffindustrie als Basischemikalien. So wird Pikrinsäure z. B. zur Synthese von 2-Amino-4,6-dinitrophenol eingesetzt, woraus wiederum Azofarbstoffe gewonnen werden können.

Lösungen zu den Aufgaben

Lösung 1
Ein wichtiger Aspekt liegt darin, dass Nitromethan sowie Methanol deutlich weniger Sauerstoff zur stöchiometrischen Verbrennung brauchen.

Lösung 2
Neben der Anzahl der Nitrogruppen kommt es auf den Anteil bzw. das Verhältnis der enthaltenen Kohlenwasserstoffe an, da diese den „verbrennbaren Anteil" der Verbindung darstellen.

Lösung 3
Klassische Sprengstoffe wie Schwarzpulver sind lediglich Stoffgemische. Schwarzpulver liegt nicht als Molekül vor. Bei organischen Nitroverbindungen handelt es sich hingegeben nicht um Gemische, sondern um Moleküle, wodurch die Brisanz dieser Stoffe deutlich gesteigert ist.

Literatur

Bruice P (2011) Organische Chemie: Studieren kompakt. Pearson, München
Köhler J, Meyer R, Homburg A (2008) Explosivstoffe. Wiley, Weinheim
Trzesniowski M (2014) Rennwagentechnik: Grundlagen, Konstruktion, Komponenten, Systeme. Springer, Wiesbaden
Vohr H-W (Hrsg) (2012) Toxikologie der Stoffe. Toxikologie, Bd. 2. Wiley, Weinheim

Diazoverbindungen

Stefanie Federle, Stefanie Hergesell, Sebastian Schubert

© Springer-Verlag GmbH Deutschland 2017
S. Federle, S. Hergesell, S. Schubert, *Die Stoffklassen der organischen Chemie*,
https://doi.org/10.1007/978-3-662-54968-1_13

Verbindungen der Struktur $R^1R^2C=N=N$, mit R^1 und R^2 als kohlenstoffhaltige Reste oder Wasserstoffatome, werden als Diazoverbindungen bezeichnet. Es existieren jeweils mindestens zwei mesomere Grenzstrukturen. Die sehr reaktiven, leicht flüchtigen, oft explosiven und/oder stark giftigen Verbindungen werden überwiegend im Labor für Methylierungen verwendet. Technisch sind sie besonders für die Synthese von Azofarbstoffen relevant. Die einfachste Diazoverbindung ist Diazomethan.

13.1 Allgemeines und Definition

In diesem letzten Kapitel der Stoffklassen wollen wir Diazoverbindungen besprechen. Verbindungen dieser Klasse tragen eine funktionelle Gruppe, die aus zwei Stickstoffatomen besteht. Bei den Diazoverbindungen liegen grundsätzlich mindestens zwei mesomere Grenzstrukturen vor. Im Fall des Diazomethans sind es drei (■ Abb. 13.1; Bruice 2011).

> **Diazoverbindungen sind Moleküle der Form $R^1R^2C=N=N$, wobei R^1 und R^2 kohlenstoffhaltige Reste oder Wasserstoffatome sein können. Bei Diazoverbindungen existieren jeweils mindestens zwei mesomere Grenzstrukturen.**

Je nachdem, an welchen Rest die Diazogruppe gebunden ist, kann zwischen aliphatischen und aromatischen Diazoverbindungen unterschieden werden. Diazoverbindungen erhalten als Präfix die Bezeichnung „Diazo-".

13.2 Eigenschaften ausgewählter Diazoverbindungen

Diazoverbindungen weisen eine sehr starke Reaktivität auf und zersetzen sich sehr leicht unter Abspaltung von elementarem Stickstoff. Dies ist ein Grund, warum Reaktionen mit Diazoverbindungen bei (sehr) tiefen Temperaturen durchgeführt werden sollten. Grundsätzlich ist es möglich, Diazoverbindungen zu isolieren. Aufgrund der hohen Reaktivität vieler dieser Verbindungen kommt diesem Prozedere in der Praxis jedoch eher eine untergeordnete Bedeutung zu. Als Faustregel gilt, dass aromatische Diazoverbindungen stabiler als ihre aliphatischen Pendants sind.

Der überwiegende Teil der Diazoverbindungen ist leicht flüchtig, explosiv und/oder stark giftig. Sie wirken aufgrund der leichten Flüchtigkeit vor allem auf das Atemsystem stark ätzend und sind häufig als carcinogen (krebserregend) eingestuft.

? Aufgabe 1
Welches Verhalten hinsichtlich der Stabilität ist bei einem α-Diazo-1,3-diketon, wie 2-Diazo-1-phenyl-1,3-butadion zu erwarten? Wodurch lässt sich dies erklären?

$$H_2C=N=N^{\ominus} \quad \rightleftharpoons \quad {}^{\ominus}C-N\equiv N^{+} \quad \rightleftharpoons \quad {}^{\ominus}C-N=N^{+}$$

◘ Abb. 13.1 Mesomere Grenzstrukturen des Diazomethans

13.3 Gewinnung und Verwendung ausgewählter Diazoverbindungen

Da viele Diazoverbindungen instabil sind, werden sie i. d. R. direkt am Reaktionsort (*in situ*) hergestellt, um eine ungewollte Reaktion zu vermeiden. Eine Möglichkeit, die einfachste Diazoverbindung Diazomethan aus *N*-Methyl-*N*-nitroso-*p*-toluolsulfonamid mit Kaliumhydroxid in Diethylether zu synthetisieren, ist folgende:

$$C_8H_{10}N_2O_3S + KOH \rightarrow H_2CN_2 + Tol - SO_3^-K^+ + H_2O$$

Zur Methylierung werden Diazoverbindungen i. d. R. nur im Labor eingesetzt, da sie schwer handhabbar und teuer sind. Durch Stickstoffabspaltung entstehen aus Diazoverbindungen äußerst instabile, zweiwertige Kohlenstoffverbindungen (sog. Carbene), die ihrerseits nur selten isoliert werden können bzw. müssen. Allerdings können Carbene für vielfältige Reaktionen, wie bspw. Insertionen, Umlagerungen, Additionen oder als Liganden genutzt werden. Diazoverbindungen haben eine große Bedeutung für die Synthese von Azofarbstoffen (Zollinger 1958). Die Synthese der Farbstoffe (◘ Abb. 13.2) sollte unter 5 °C stattfinden, um das Abspalten von Stickstoff zu vermeiden. Grundsätzlich ist die Synthese sehr einfach durchzuführen, weshalb diese Farbstoffe in der Industrie breite Verwendung finden. Allerdings sind viele Azofarbstoffe als ungesund und/oder gar als krebserregend einzuschätzen, weshalb der Einsatz bei Verbrauchsgütern und Lebensmitteln stark eingeschränkt bzw. verboten ist. Der krebserregende Azofarbstoff „Buttergelb" (◘ Abb. 13.2) wurde bis Ende der 1930er-Jahre zur Färbung von Butter eingesetzt, um diese appetitlicher zu machen (Bruice 2011). Da Azofarbstoffe eine hohe Farbechtheit aufweisen sowie sehr beständig und kostengünstig zu produzieren sind, werden sie häufig als Farbstoffe für Tätowierungen eingesetzt. Hierbei regelt die seit 2009 gültige Tätowiermittelverodnung, welche Farbstoffe zugelassen sind (Walther und Neudorfer-Schwarz 2014).

❷ Aufgabe 2

Wenn die Azoverbindung selbst nicht krebserregend ist, warum könnte solch ein Stoff (z. B. eine Tätowierfarbe) dennoch krebserregend sein? Berücksichtigt sowohl chemische Überlegungen als auch reale Bedingungen, d. h. keine idealen Laborbedingungen. Daher sind Azofarben bzw. Tätowierfarben als Beispiele sehr gut geeignet.

☐ **Abb. 13.2** Diazotierung und Azokupplung

13.4 Diazomethan

Wie bereits im letzten Abschnitt erwähnt, ist Diazomethan vor allem für die Anwendung im Labor relevant. Das gelbe, nach feuchtem Laub riechende Gas ist sehr reaktiv, ätzend, hoch giftig und carcinogen. Im Labor wird es vor allem dazu verwendet, Methylester aus Carbonsäuren sowie Cyclopropane aus Alkenen darzustellen. Diazomethan kommt grundsätzlich in Diethylether gelöst zum Einsatz (diese Lösung ist nicht stabil!). Bei Kontakt von Diazomethan mit rauen Oberflächen sowie Metallen entsteht eine signifikante Explosionsgefahr.

Eine bekannte Namensreaktion in diesem Kontext ist die **Arndt-Eistert-Homologisierung** (☐ Abb. 13.3), durch die Carbonsäureketten um eine CH_2-Einheit in einer dreistufigen Synthese verlängert werden können. Bei der zweiten Stufe kommt Diazomethan zum Einsatz (Arndt 1935; Bruice 2011).

Wolff-Umlagerung

❑ Abb. 13.3 Arndt-Eistert-Homologisierung

✅ Lösungen zu den Aufgaben

Lösung 1

α-Diazo-1,3-diketone zeichnen sich dadurch aus, dass sie zu den stabilsten Diazo-verbindungen gehören. Dies liegt daran, dass die negative Partialladung durch die Ketogruppen überaus gut delokalisiert und damit stabilisiert werden kann.

❑ **Beispiele für mesomere Grenzformen von 2-Diazo-1-phenyl-1,3-butadion**

Lösung 2

Durch den Zerfall bzw. die Spaltung eines Azofarbstoffs können hoch giftige, z. B. primäre aromatische Amine freigesetzt werden. Schon der Blick auf die Struktur-formel von Buttergelb zeigt sehr schnell, dass hierbei leicht das stark carcinogene Anilin entstehen kann.

Die Problematik an Laboruntersuchungen ist, dass reale Bedingungen nur unzu-reichend erfasst werden. So können z. B. durch in unserem Organismus lebende Bakterien solche reduktiven Spaltungen stattfinden. Ebenfalls denkbar ist, dass Tätowiermittel solche Spaltprodukte bei der Tattooentfernung mit Laser oder sogar unter Sonneneinstrahlung freisetzen.

Literatur

Arndt F (1935) Diazomethane. Org Synth 15:3. https://doi.org/10.15227/orgsyn.015.0003 (Coll. Vol. 2, 1943, S. 156)

Bruice P (2011) Organische Chemie: Studieren kompakt. Pearson, München

Walther C, Neudorfer-Schwarz I (2014) Primäre aromatische Amine/Azofarbstoffe in bunten Tattoofarben – Untersuchungsergebnisse 2013. Bayerisches Landesamt für Gesundheit und Lebensmittelsicherheit, URL: https://www.lgl.bayern.de/produkte/kosmetika/taetowiermittel/ue_2013_taetowierfarben.htm Zugegriffen: 09. Januar 2017, 22:13 UTC

Zollinger H (1958) Chemie der Azofarbstoffe. Birkhäuser, Basel

Spickzettel

Stefanie Federle, Stefanie Hergesell, Sebastian Schubert

© Springer-Verlag GmbH Deutschland 2017
S. Federle, S. Hergesell, S. Schubert, *Die Stoffklassen der organischen Chemie*,
https://doi.org/10.1007/978-3-662-54968-1_14

14.1 Kapitel 1 – Alkane und Cycloalkane

Definition: Alkane sind gesättigte, acyclische Kohlenwasserstoffe, die ausschließlich Kohlenstoff-Kohlenstoff-Einfachbindungen besitzen und eine homologe Reihe mit der allgemeinen Summenformel C_nH_{2n+2} (mit $n = 1, 2, 3, 4, \ldots$) bilden. Cycloalkane sind gesättigte, cyclische Kohlenwasserstoffe, die ausschließlich Kohlenstoff-Kohlenstoff-Einfachbindungen besitzen und eine homologe Reihe mit der allgemeinen Summenformel C_nH_{2n} (mit $n = 1, 2, 3, 4, 5, \ldots$) bilden.

Wichtig: Die Alkane und Cycloalkane lassen sich ganz einfach nach der IUPAC-Nomenklatur benennen, bei der die längste Kette, die sogenannte Hauptkette, ausschlaggebend für die restliche Benennung ist.

Typische Reaktionen: Alkane mit Sauerstoff zu Kohlenstoffdioxid und Wasser. Alkane mit Halogenen zu Halogenalkanen.

14.2 Kapitel 2 – Alkene und Cycloalkene

Definition: Alkene sind aliphatische Kohlenwasserstoffe, die an einer beliebigen Position des Moleküls mindestens eine Kohlenstoff-Kohlenstoff-Doppelbindung besitzen und eine homologe Reihe mit der allgemeinen Summenformel C_nH_{2n} (mit $n = 2, 3, 4, \ldots$) bilden. Cycloalkene sind ungesättigte cyclische Kohlenwasserstoffe, die neben Kohlenstoff-Kohlenstoff-Einfachbindungen mindestens eine C–C-Doppelbindung tragen.

Wichtig: Auch hier erfolgt die Benennung nach IUPAC und verläuft weitestgehend analog zur Benennung der Alkane. Die längste Kette muss in diesem Fall die C–C-Doppelbindung enthalten.

Typische Reaktionen: Industriell werden Ethen sowie weitere kurzkettige Alkene durch das Cracken von Erdöl gewonnen. Darüber hinaus können Alkine katalytisch zum Alken hydriert werden. Eine C–C-Doppelbindung wird häufig elektrophil angegriffen. Eine Oxidation von Alkenen liefert Epoxide, Carbonsäuren sowie Diole und ggf. Ketone. Alkene reagieren bevorzugt mit Halogenen in Additionsreaktionen (Halogenierungsreaktionen).

14.3 Kapitel 3 – Alkine und Cycloalkine

Definition: Alkine sind aliphatische Kohlenwasserstoffe, die an einer beliebigen Position des Moleküls mindestens eine Kohlenstoff-Kohlenstoff-Dreifachbindung besitzen und eine homologe Reihe mit der allgemeinen Summenformel C_nH_{2n-2} (mit $n = 2, 3, 4, \ldots$) bilden. Cycloalkine sind ungesättigte cyclische Kohlenwasserstoffe, die neben Kohlenstoff-Kohlenstoff-Einfachbindungen mindestens eine C–C-Dreifachbindung tragen.

Wichtig: Auch hier erfolgt die Benennung nach IUPAC und verläuft weitestgehend analog zur Benennung der Alkane und Alkene. Die längste Kette muss in diesem Fall die C–C-Dreifachbindung enthalten. Liegt neben einer C–C-Dreifach- auch eine C–C-Doppelbindung vor, so hat die Dreifachbindung die höhere Priorität.

Typische Reaktionen: Alkine können durch das Carbid- (veraltet) oder Lichtbogen-Verfahren sowie die partielle Methanoxidation (zeitgemäß) gewonnen werden. Ethin ist eine überaus wichtige Grundchemikalie für zahlreiche Folgeprodukte (über die Zwischenstufe des Acetaldehyds), wie Essigsäure, Aceton, Ethanol u. v. m. Zudem werden Ethin und Propin gerne für Polymerisationsreaktionen verwendet. In der (aktuell weniger bedeutsamen) Reppe-Chemie nehmen Alkine eine zentrale Rolle ein.

14.4 Kapitel 4 – Aromaten

Definition: Aromaten bzw. aromatische Verbindungen müssen vier Kriterien erfüllen, um als solche angesehen zu werden:

1. Es muss ein geschlossenes **Ringsystem** vorhanden sein.
2. Das Ringsystem muss **planar** sein, d. h. in einer Ebene liegen.
3. Es muss ein durchkonjugiertes **π-Elektronen-System** vorhanden sein, d. h. die Kohlenstoffatome müssen entweder sp- oder sp^2-hybridisiert sein. Durchkonjugiert heißt demnach, dass beispielsweise Doppel- und Einfachbindungen immer abwechselnd vorliegen.
4. Die **Hückel-Regel** muss erfüllt sein, d. h. im gesamten Ringsystem müssen $(4n + 2)$ π-Elektronen vorhanden sein.

Wichtig: Aromatische Verbindungen zeichnen sich durch eine besondere Stabilität und ein außergewöhnliches träges Reaktionsverhalten aus. Der Grund der außergewöhnlich hohen Stabilität liegt u. a. im delokalisierten π-Elektronen-System.

Typische Reaktionen: Elektrophile aromatische Substitution (Nitrierung, Halogenierung, Sulfonierung, Friedel-Crafts-Alkylierung und Acylierung), nucleophile aromatische Substitution, Bildung von Arenoxiden.

14.5 Kapitel 5 – Halogenalkane

Definition: Halogenalkane sind Alkane, die mindestens ein Halogenatom (F, Cl, Br oder I) tragen. Einteilung in primäre, sekundäre und tertiäre Halogenalkane.

Wichtig: Halogenalkane sind wichtige Ausgangsverbindungen zur Herstellung von Alkoholen, Ethern, Nitrilen, Alkenen, Thiolen, Estern, Aminen, Nitrilen, Aziden etc. Die wichtigsten Reaktionen, welche Halogenalkane eingehen, sind nucleophile Substitutionen (S_N1- und S_N2-Reaktionen) und Eliminationen (E1- und E2-Reaktionen). Halogenalkane sind hierfür gut geeignet, weil Halogenide gute Abgangsgruppen sind.

Typische Reaktionen: Synthese von Chlor- und Bromalkanen erfolgt über radikalische Substitution von Alkanen. Fluor- und Iodalkane können durch Halogenaustausch hergestellt werden. Außerdem können Halogenalkane aus Halogenwasserstoff durch Umsetzung mit Alkenen (Addition, radikalisch oder elektrophil) oder Alkoholen (Substitution) synthetisiert werden.

14.6 Kapitel 6 – Alkohole

Definition: Alkohole sind Alkane, die eine Hydroxygruppe (–OH) besitzen. Einteilung in primäre, sekundäre und tertiäre Alkohole.

Wichtig: Alkohole sind Dipole und bilden untereinander Wasserstoffbrückenbindungen aus (→ höhere Schmelz- und Siedepunkte als entsprechende Alkane). Die pK_s-Werte der Alkohole liegen im Bereich zwischen 16 und 18. Phenole haben einen pK_s-Wert von 10.

Typische Reaktionen: Herstellung von Alkoholen durch Grignard-Reaktion, Hydroborierung, Addition von Wasser an Alkene oder durch Reduktion von Carbonylverbindungen.

Oxidation von Alkoholen:

- primäre Alkohole → Aldehyde → Carbonsäuren
- sekundäre Alkohole → Ketone
- tertiäre Alkohole → nicht möglich, nur unter Zersetzung

Weitere Reaktion, die Alkohole eingehen, sind Veresterung, Veretherung, Substitutionen und Eliminationen.

14.7 Kapitel 7 – Ether

Definition: Ether besitzen die allgemeine Formel R–O–R′. An einem Sauerstoffatom sind somit zwei Alkylreste (oder Arylreste) gebunden.

Wichtig: Ether mit H-Atom in α-Stellung zum Sauerstoffatom können unter Lichteinwirkung mit Sauerstoff reagieren und explosive Hydroperoxide bilden.

Typische Reaktionen: Herstellung durch Willamson-Ethersynthese aus Halogenalkan und Alkoholat. Synthese von Alkylmethyl- und Phenylmethylethern aus Alkohol und Diazomethan. Spaltung von Ethern durch starke, nicht nucleophile Säuren (HI, HBr).

14.8 Kapitel 8 – Organoschwefelverbindungen

Definition: Organoschwefelverbindungen sind organische Verbindungen, die mindestens ein Schwefelatom enthalten. Die wichtigsten Verbindungen sind Thiole (R–SH), Sulfide (R–S–R′), Disulfide (R–S–S–R′), Sulfonsäuren (R–SO$_3$H), Sulfoxide (R–S(=O)-R′) und Sulfone (R–S(=O)$_2$–R′).

Wichtig: pKs-Werte von Thiolen liegen bei 9 – 12 (saurer als vergleichbare Alkohole), pK_s-Werte von Thiophenolen bei 7 – 8. Aufgrund des großen, leicht polarisierbaren Schwefelatoms sind Schwefelverbindungen gute, weiche Nucleophile.

Typische Reaktionen: Darstellung von Thiolen aus Halogenalkan und Natriumhydrogensulfid (Überschuss).

Thiol + Base + Halogenalkan → Sulfid

Thiol + I$_2$ oder O$_2$ → Disulfid

Thiol + H$_2$O$_2$ → Sulfonsäure

Sulfid + H$_2$O$_2$ → Sulfoxid → Sulfon

14.9 Kapitel 9 – Amine

Definition: Amine sind organische Ammoniakderivate (Ammoniakabkömmlinge), bei denen mindestens eines der an das Stickstoffatom gebundenen Wasserstoffatome durch eine Alkyl- und/oder Arylgruppe ersetzt ist.

Wichtig: Die Klassifikation, ob Amine primär, sekundär oder tertiär sind, erfolgt nach einem anderen Schema als bei den Alkoholen. Amine werden dahingehend klassifiziert, wie viele organische Reste an das Stickstoffatom gebunden sind. Insbesondere aromatische Amine (bspw. Anilin) besitzen eine hohe Toxizität und werden durch die Haut schnell aufgenommen.

Typische Reaktionen: Vor allem aufgrund des freien Elektronenpaars am Stickstoffatom sind Alkylierungen, Acylierungen und viele weitere nucleophile Substitutionen möglich. Die Umsetzung von Ammoniak mit Alkoholen, Aldehyden, Ketonen oder Epoxiden (in der Industrie) sowie die Reaktion von Alkylhalogeniden mit Ammoniak (im Labor) sind gängige Aminsynthesen. Zudem sind die Gabriel-Synthese, der Hofmann-Abbau sowie der Curtius-Abbau und die Leuckart-Wallach-Reaktion wichtige Namensreaktionen zur Amindarstellung. Anilin hat unter den Aminen eine zentrale Bedeutung als Ausgangssubstanz für zahlreiche Produkte. Diamine werden besonders häufig in der Kunststoffsynthese eingesetzt.

14.10 Kapitel 10 – Carbonylverbindungen (Aldehyde und Ketone)

Definition: Aldehyde (RCHO) sind Carbonylverbindungen mit der funktionellen Gruppe –CHO. Ketone ($R^1R^2C=O$) tragen die nicht endständige, in jedem Fall an zwei Kohlenstoffreste gebundene funktionelle Gruppe $>C=O$.

Wichtig: Aldehyde und Ketone treten als Tautomere, d. h. als zwei verschiedene, miteinander im Gleichgewicht stehende Formen auf. Bei diesen (Keto- und Enolform) handelt es sich um Strukturisomere und nicht um mesomere Grenzformeln!

Typische Reaktionen: Carbonlye werden am Carbonylkohlenstoffatom elektrophil angegriffen, wobei es zu einer Protonierung des stark negativ polarisierten Sauerstoffatoms kommt. Aldehyde und Ketone gehen v. a. verschiedenste Additions- und Kondensationsreaktionen ein. Als Nachweisreaktionen kommen für Aldehyde insbesondere die Tollens-, Fehling- sowie Schiff'sche Probe infrage. Aldehyde können zur Carbonsäure oxidiert werden, Ketone lassen sich hingegen nicht oxidieren. In umgekehrter Weise lassen sich Carbonylverbindungen zu ihren korrespondierenden Alkoholen reduzieren. Neben der Oxidation von Alkoholen, dient die Friedel-Crafts-Acylierung und die Hydrolysierung von Alkinen zur Darstellung von Aldehyden und Ketonen. Aceton und Formaldehyd sind wichtige Vorstufen verschiedenster organischer Synthesen. Formaldehyd ist vor allem für die Produktion von Kunstoffen und Harzen von großer Bedeutung.

14.11 Kapitel 11 – Carbonsäuren und deren Derivate

Definition: Carbonsäuren sind organische Verbindungen, die eine oder mehrere Carboxygruppen (–COOH) tragen und allgemein als R–COOH beschrieben werden können. Derivate der Carbonsäuren sind dadurch charakterisiert, dass die OH-Gruppe der Säure durch eine andere Gruppe (z. B. $-NH_2$) ausgetauscht wurde.

Wichtig: Die Säurestärke einer Carbonsäure lässt sich durch das Einführen elektronenziehender Substituenten (bspw. –Cl) am α-Kohlenstoffatom steigern, da die Carboxygruppe dadurch partiell positiv geladen ist, wodurch die negative Ladung des korrespondierenden Anions besser stabilisiert werden kann.

Typische Reaktionen: Durch Oxidation primärer Alkohole/Aldehyde oder durch Oxidation von Alkylseitenketten aromatischer Ringsysteme können Carbonsäuren gewonnen werden. Weiterhin können Grignard-Verbindungen mit CO_2 oder eine sauren/basischen Hydrolyse von Alkylcyaniden als Synthesen genutzt werden. Die Carbonsäurederivate unterscheiden sich deutlich in ihren Reaktivitäten. Carbonsäurehalogenide weisen die höchste Reaktivität auf. Daher müssen Carbonsäuren häufig, z. B. durch die Überführung in ein Säurechlorid, aktiviert werden. Eine der häufigsten Reaktionen der Carbonsäuren ist die Veresterung, bei der eine Carbonsäure mit einem Alkohol (sauer katalysiert) zu dem entsprechenden Carbonsäureester umgesetzt wird. Diese werden vor allem als Geschmacks- und Geruchsstoffe eingesetzt. Carbonsäuren finden häufig in der Lebensmittelindustrie als Zusatzstoffe Anwendung. Carbonsäureamide dienen v. a. als Lösungsmittel sowie zur Synthese von Kunststoffen und Pharmazeutika.

14.12 Kapitel 12 – Nitroverbindungen

Definition: Organische Verbindungen mit einer oder mehreren Nitrogruppen ($-NO_2$) am Kohlenstoffatom eines organischen Rests sind Nitroverbindungen. Solch eine Verbindung kann weiterhin als aliphatisch oder aromatisch klassifiziert werden.

Wichtig: Nitroverbindungen sind häufig hochexplosiv und mitunter sehr leicht zur Explosion zu bringen.

Typische Reaktionen: Bei der Henry-Reaktion wird ein β-Nitroalkohol unter Ausbildung einer C–C-Bindung ausgehend von einer aliphatischen Nitroverbindung sowie einer Carbonylverbindung erzeugt. Durch die Nef-Reaktion werden Nitrogruppen in Carbonylgruppen überführt. Insbesondere die nucleophile Substitution von Alkylhalogeniden mit anorganischen Nitriten, wie Silber- oder Natriumnitrit, liefern aliphatische Nitroverbindungen. Nitroaromaten werden meist durch die Nitrierung von aromatischen Verbindungen unter Einsatz von Nitriersäure dargestellt.

14.13 Kapitel 13 – Diazoverbindungen

Definition: Allgemein stellen sich Diazoverbindungen als Moleküle der Form $R^1R^2C=N=N$ dar, wobei R^1 und R^2 kohlenstoffhaltige Reste oder Wasserstoffatome sein können. Von Diazoverbindungen existieren mindestens zwei mesomere Grenzstrukturen.

Wichtig: Die Arbeit mit Diazoverbindungen ist mit einem hohen Gefährdungspotenzial behaftet, weshalb sehr vorsichtig gearbeitet werden muss. Die Vielzahl der Diazoverbindungen ist leicht flüchtig, explosiv und/oder stark giftig. Da sie meistens leicht flüchtig sind, lassen sie sich nicht besonders gut handhaben und wirken vor allem auf das Atemsystems stark ätzend. Sie sind häufig als carcinogen (krebserregend) eingestuft. Es empfiehlt sich, die benötigten Verbindungen *in situ* herzustellen.

Typische Reaktionen: Aufgrund der suboptimalen Eigenschaften der Diazoverbindungen ist ihr Einsatzgebiet eher begrenzt und sie werden meistens *in situ* hergestellt. Diazoverbindungen werden in erster Linie für Azokupplungen und damit für die Herstellung von Azofarbstoffen eingesetzt. Durch die Arndt-Eistert-Homologisierung werden Carbonsäureketten verlängert, wozu in der zweiten Reaktionsstufe Diazomethan zum Einsatz kommt.

14.14 Wichtiges zur Nomenklatur

Die Prioritäten der funktionellen Gruppen auf einen Blick:

Carbonsäure (höchste Priorität) > Carbonsäureanhydrid > Ester > Säurehalogenid > Säureamid > Nitril > Aldehyd > Keton > Alkohol > Phenol > Thiol > Amin > Ether > Alken > Alkin > org. Halogenverbindung > Alkane (niedrigste Priorität)

Anmerkung: Nehmt in Prüfungen die Nomenklatur nicht auf die leichte Schulter. Aufgaben zur Nomenklatur sind häufig leicht verdiente Punkte, wenn man genug geübt hat und vor allem auch mit „großen" Molekülen gelernt hat umzugehen. Ebenso ist es unerlässlich, Trivialnamen zu pauken. Erstens sind sie im Laboralltag wichtig und zweitens fragen viele Prüfer diese Namen explizit oder implizit ab!